Un irlandais, St Desle, fonda Lure, près de Besançon.

Seigneur de Besançon, St Donat, fonda St Paul [illegible]

Pour les femmes, il a fondé Jussa[illegible]

règles de St CÉSAIRE [que Ste Rad[illegible]

Celle-ci est auj. une caserne.

Le frère de St Donat fonda [illegible] Moutier.

[Elle est consacrée par pape Urbain II. Devient Cluny.]

Bèze.

Cusance.

St Ursanne, à Bâle.

St Germain de Grandval.

St Vandrille et reine Bathilde bâtissent Fontenelle.

Ses amis sont : Archevêque Ouën et Philibert de Jumièges.

St Phil. fonda encore Noirmoutier, en Poitou et Montivilliers de Caux pour femmes.

Trois frères bénis par Colomban.

1° Adon — Jouarre.

2° Radon — Reuil (Radolium)

3° Dadon, c'est Ouën (Audoenus). évêque de Rouen

Fondation de Rebais, dont l'abbé est St Agile de Luxeuil.

Ste Fare, de Meaux, a été béni par St Col. Elle fonda Faremoutiers.

L'Irlandais, St Fursy : Lagny-sur-Marne.

St Frobert : Moutier-la-Celle, près Troyes.

Berchaire : Hautvillers et Moutier-en-Der.

Ste Salaberge à Laon.

Luxeuil maritime à Leuconaus, à l'embouchure de Somme.

C'est St Valéry. Ses reliques furent translatées par Richard Cœur-de-Lion à St Valéry-en-Caux.

(一)

"建筑是石头的史书"，"建筑是艺术的最高峰"，十九世纪，这两句话在欧洲很流行，已经很难确凿地说是哪位聪明人先想出来的。总之，十九世纪，欧洲人已经认识了建筑在人类文化中的地位了。

建筑在文化中的地位，决定于它的性质，作用和它达到的高度，技术的和艺术的高度。它不是[illegible]，它是Monument，这就是它的性质。

从黄土地上的窑洞，到小女孩温馨的闺房，到豪华的宫殿，金字塔、圣母教堂、万神庙、万里长城，建筑性质的多样和变化的跨度之大，包容了整个的人类文化。人类没有第二种作品，有建筑这样的气魄，丰富、崇高、精致，有性格，有感情。

建筑是人类历史的文化档案。它记录着人类为创造生活而付出的一切，真实、生动，也准确地记录着人类文明的发展和成就

陈 志 华 文 集

【卷四】

走向新建筑

〔法〕勒·柯布西耶 著

陈志华 译

商务印书馆
创于1897 The Commercial Press

出版说明

勒·柯布西耶（Le Corbusier，1887—1965），20世纪最著名的建筑大师、城市规划大师和作家，现代建筑运动的激进分子和主将，被称为“现代建筑的旗手”。从1920年起，在他主编的《新精神》杂志上连续发表论文，提倡建筑的革新，走平民化、工业化、功能化的道路，提倡相应的新的建筑美学。这些论文汇集为《走向新建筑》，于1923年初版，1924年出增订版（第二版）。

该书1927年由埃切尔斯（Etchells）译成英文，中文版最早由吴景祥先生译出，1981年由中国建筑工业出版社出版。1991年，陈志华教授根据英文版的重译本由天津科学技术出版社出版。2004年，该版收入“花生文库”，由陕西师范大学出版社再版。2016年，经过修订，由商务印书馆再版。

受译者陈志华本人授权，本版以2016年版《走向新建筑》为底本，增补金克司的《勒·考柏西叶评传》（附录2），勒·柯布西耶的《空气·声音·光线：在国际现代建筑师协会上的讲话》（附录3），《卢那察尔斯基论柯布西耶》（附录4），《柯布西耶与住宅和现代建筑——纪念柯布西耶诞生100周年》（附录5），重新排版，作为卷四，收入《陈志华文集》。

商务印书馆编辑部

2021年6月

COLLECTION DE " L'ESPRIT NOUVEAU "

LE CORBUSIER

VERS UNE ARCHITECTURE

NOUVELLE ÉDITION REVUE ET AUGMENTÉE

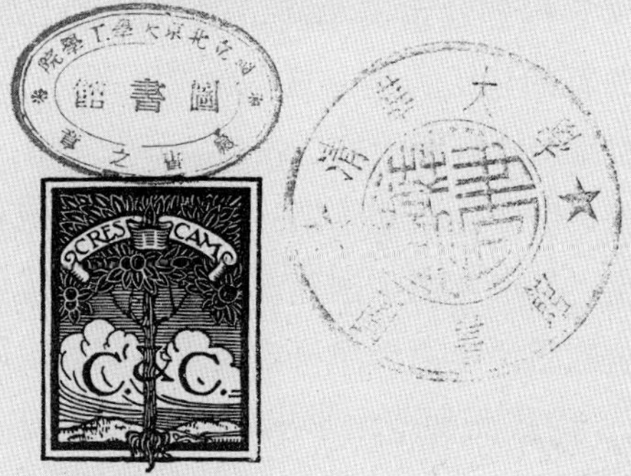

LES ÉDITIONS G. CRÈS ET Cie
21, RUE HAUTEFEUILLE, 21
PARIS

目 录

第二版序言

自从这本书的第一版出版之后，到处都产生了对与建筑有关的事情的兴趣。以前在《新精神》上发表过的某些篇章的主要内容造成了一种突发的情况：谈论建筑，喜欢谈论建筑，希望有能力谈论建筑。这是一场深刻的社会运动的后果。18世纪也曾产生过对建筑的普遍热情：资产阶级设计建筑，大官僚们也设计；布隆代尔（Blondel）、拜豪（Claude Perrault），前者设计了圣德尼门，后者设计了卢浮宫东廊。整个国家盖满了表现这种精神的作品。

目前这本书所设想的起作用的方式是，不企图说服专业人员，而是说服大众，要他们相信一个建筑时期来临了。大众对设计室里的那些问题没有兴趣，仅仅关心一个能给他们带来已在别处显出端倪的享受（汽车旅游、海上巡游，等等）的新建筑，这新建筑首先能满足新的情感。怎么，这新情感是什么？这是我们时代的建筑意识，在深刻的孕蕾时期之后，像花朵一样开放了。新的时代，——荒芜的精神土地，——建造住宅的迫切需要。一幢住宅是这样的一种人道的域界，它围护我们，把我们跟有害的自然现象隔开，给我们以人文的环境，为我们这些人。需要满足一个本能的愿望，需要实现一种自然的功能。建筑！这不仅仅是职业的技术工作。一场冲动的公共思想运动，在一些特征性的转折点上，表明了建筑以什么方式听从对它的行动的命令。

建筑成了时代的镜子。

现代的建筑关心住宅，为普通而平常的人关心普通而平常的住宅。它任凭宫殿倒塌。这是时代的一个标志。

为普通人，“所有的人”，研究住宅，这就是恢复人道的基础，人的尺度，需要的标准、功能的标准、情感的标准。就是这些！这是最重要的，这就是一切。这是个高尚的时代，人们抛弃了豪华壮丽。

这本书写得很辛辣。当时代精神还被包裹在垂死的时代的令人厌恶的破衣服里的时候，怎么用超脱的高雅风度来谈论作为时代精神的成果的建筑呢？

因而，理所当然，为了摆脱沉重得压死人的铅质的外套，就要抛出标枪去刺穿它，用各种各样的打击去突破那沉重的外套。突破。在这里穿一个孔，在那里穿一个孔。那就是窗子！我们见到了闷死人的铅质外套外面的远景。穿孔看远景。有效的、灵验的策略。我支持这个策略，何况几乎是非如此不可。

这本书要重印了，应该进一步完善它，应该把已经打穿的孔扩大。在这次新版里这么做的话，无异于写另外一本书。因此我不改动它而写了另外两本书，它们好像左右两只翅膀。它们将和《走向新建筑》的再版本同时由同一个出版社出版，它们是：《城市规划》和《今日装饰艺术》。过去一年里，我在《新精神》杂志上讨论过这两个思想领域，这本关于当今行为的杂志把现代各种事件的许多方面并列地放在一起，用它们造了个清晰的、协调的、令人信服的模拟像。这尊像，面目刚强坚定，引起我们的同情，引起我们的竞赛，引起我们的手和心的有效的工作。

《走向新建筑》出版只有一年，这一年里它走过的路两侧都有强大的支持，一侧是城市的建筑现象，建筑在那里找到了位置，另一侧我们同意用那个讨厌的词——“装饰艺术”来称呼。靠它们，我们应该发现在我们手边经常存在着一种建筑精神，伴随着我们的一切行动，使我们既陶醉于感觉的魅力，又保持男性的尊严。

1924年11月

比萨

内容提要

工程师的美学·建筑

工程师的美学，建筑，这两个互相联系的东西，一个正当繁荣昌盛，另一个则正可悲地衰落。

受到经济法则启示并受到数学计算引导的工程师，使我们跟宇宙规律协调起来。他获得了和谐。

建筑师通过使一些形式有序化，实现了一种秩序，这秩序是他的精神的纯创造；他用这些形式强烈地影响我们的意识，诱发造型的激情；他以他创造的协调，在我们心里唤起深刻的共鸣，他给了我们衡量一个被认为跟世界的秩序相一致的秩序的标准，他决定了我们思想和心灵的各种运动；这时我们感觉到了美。

给建筑师先生们的三项备忘

体块

我们的眼睛是生来观看光线下的各种形式的。

基本的形式是美的形式，因为它们可以被辨认得一清二楚。

现在的建筑师已经不再能了解这些简单的形式了。

依靠计算来工作的工程师使用几何的形式，他们用几何满足我们的眼，用数学满足我们的心，他们的作品正走在通向伟大艺术的道路上。

表面

体块被表面包裹，表面被体块的准线和导线分划，所以它显示出这体块的特性。

建筑师们现在害怕表面的几何形构成元素。

现代结构的重大问题将在几何学的基础上解决。

工程师们严格服从指令性任务书的要求，利用各种形式的母线和显示线，创造了一些清澈透明的、给人强烈印象的造型作品。

平面

平面是生成元。

没有平面，就会有混乱和任意。

平面包含着感觉的实质。

由集体的需要决定的明天的重大课题，将重新提出平面问题。

现代生活需要并期待着住宅和城市的崭新的平面。

基准线

从建筑诞生之时起就存在着。

为条理性所必需。基准线是反任意性的一个保证。它使理智满意。

基准线是一种手段；它不是一张药方。选择基准线和它的表现方式，是建筑创作的一个组成部分。

视而不见的眼睛

远洋轮船

一个伟大的时代刚刚开始。

存在着一种新精神。

存在着大量新精神的作品；它们主要存在于工业产品中。

建筑在陈规旧习中闷得喘不过气来。

那些“风格”都是欺骗。

风格是原则的和谐，它赋予一个时代所有的作品以生命，它来自富有个性的精神。

我们的时代正每天确立着自己的风格。

不幸，我们的眼睛还不会识别它。

飞机

飞机是一个高度精选的产品。

飞机给我们的教益在左右着提出问题和解决问题的逻辑之中。

住宅的问题还没有提出来。

建筑的现状已不能满足我们的需要。

然而存在着住宅的标准。

机器含有起选择作用的经济因素。

住宅是居住的机器。

汽车

为了完善，必须建立标准。

帕特农是精选了一个标准的结果。

建筑按标准行事。

标准是有关逻辑、分析、深入的研究的事；它们建立在一个提得很恰当的问题之上。试验决定标准。

建筑

罗马城的教益

建筑，这就是以天然材料建立动人的协调。

建筑超乎功利性事物之上。

建筑是造型的事。

秩序的精神、意向的一致、协调感；建筑处理数量问题。

激情能用顽石编出戏剧来。

平面的花活

平面从内部发展到外部，外部是内部造成的。

建筑艺术的元素是光和影，墙和空间。

布局的有序性，这是把目的分级，把意图分类。

人用离地1.7米的眼睛来看建筑物。人们只能用眼睛看得见的目标来衡量，用由建筑元素证明的设计意图来衡量。如果人们用不属于建筑语言的意图来衡量，人们就会得到平面的花活。由于观念的错误或者癖好浮华，你就会违反平面的规则。

精神的纯创造

凹凸曲折是建筑师的试金石。他被考验出来是艺术家或者不过是工程师。

凹凸曲折不受任何约束。

它与习惯、与传统、与结构方式都没有关系，也不必适应于功能需要。

凹凸曲折是精神的纯创造：它需要造型艺术家。

成批生产的住宅

一个伟大的时代刚刚开始。

存在着一个新精神。

工业像一条流向它的目的地的大河那样波浪滔天，它给我们带来了适合于这个被新精神激励着的新时代的新工具。

经济规律强制性地支配着我们的行动，而我们的观念只有在合乎这规律时才是可行的。

住宅问题是一个时代的问题。社会的平衡决定于它。在这个革新的时期，建筑的首要任务是重新估计价值，重新估计住宅的组成部分。

批量生产是建立在分析与试验的基础上的。

大工业应当从事建造房屋，并成批地制造住宅的构件。

必须树立大批量生产的精神面貌，

建造大批量生产的住宅的精神面貌，

住进大批量生产的住宅的精神面貌，

喜爱大批量生产的住宅的精神面貌。

如果我们从感情中和思想中清除了关于住宅的固定的观念，如果我们从批判的和客观的立场看这个问题，我们就会认识到，住宅是工具，要大批地生产住宅，这种住宅从陪伴我们一生的劳动工具的美学来看，是健康的（也是合乎道德的）和美丽的。

艺术家的意识可能给这些精密而纯净的机件带来的那种活力也使它美。

建筑或者革命

在工业的所有领域里，人们都提出了一些新问题，也创造了解决它们的整套工具。如果我们把这事实跟过去对照一下，这就是革命。

在房屋建造业中，人们开始大批生产构件；根据新的经济需要，人们创造了细部构件和整体构件；在细部和整体上都做出了决定性的成就。如果我们把这事实跟过去对照一下，这就是企业的方法上和规模上的革命。

过去的建筑史，经过多少个世纪，只在构造做法和装饰上缓慢地演变。近50年来，钢铁和水泥取得了成果，它们是结构的巨大力量的标志，是打破了常规惯例的一种建筑的标志。如果我们面对过去昂然挺立，我们会有把握地说，那些“风格”对我们已不复存在，一个当代的风格正在形成；这就是革命。

精神自觉地或不自觉地认识到这些事实；需要正在自觉地或不自觉地诞生出来。

社会的机构整个彻底乱了套，既可能发生一场有重大历史意义的改革，也可能发生一场灾难，它摇摆不定。一切活人的原始本能就是找一个安身之所。社会的各个勤劳的阶级不再有合适的安身之所，工人没有，知识分子也没有。

今天社会的动乱，关键是房子问题：建筑或者革命！

工程师的美学·建筑

戛哈比桥（工程师：埃菲尔）

工程师的美学，建筑，这两个互相联系的东西，一个正当繁荣昌盛，另一个则正可悲地衰落。

受到经济法则启示并受到数学计算引导的工程师，使我们跟宇宙规律协调起来。他获得了和谐。

建筑师通过使一些形式有序化，实现了一种秩序，这秩序是他的精神的纯创造；他用这些形式强烈地影响我们的意识，诱发造型的激情；他以他创造的协调，在我们心里唤起深刻的共鸣，他给了我们衡量一个被认为跟世界的秩序相一致的秩序的标准，他决定了我们思想和心灵的各种运动；这时我们感觉到了美。

工程师的美学，建筑，这两个互相联系的东西，一个正当繁荣昌盛，另一个则正可悲地衰落。

道德问题：谎话是不可容忍的。人类会在谎话中灭亡。

建筑是人的最迫切需要之一，因为住宅总是他给自己制造的必不可少的第一件工具。人的工具装备标志出文明的各个阶段：石器时代，青铜时代，铁器时代。工具装备不断地完善；历代人的劳动对它有所贡献。工具是进步的直接而即时的表现；工具是必需的合作者，也是解放者。人们把敞口枪、长筒炮、破马车、旧火车头这些过了时的工具扔到废铜烂铁堆里。这行为是健康的标志，精神健康的标志，也是道德的标志；我们不可以因一件坏工具而生产废品；我们不可以因一件坏工具而浪费精力、健康和勇气；我们扔掉坏工具，换上一件。

但人们住在古旧的房子里，他们还没有想到给自己造房子。从古到今，老家总是贴在心坎里。亲切之感如此强烈，以致人们建立了对家宅的崇拜。一个**屋顶**！然后是其余的家神。宗教建立在一些教条上，这些教条不会变；文化会变；宗教将被蛀空而倒塌。住宅还没有变。几个世纪以来对住宅的崇拜还是老样子。住宅将要倒塌。

遵奉一种宗教而并不信仰它的人是个可怜虫；他不幸。我们住在不宜于居住的房子里也是不幸的，因为它们败坏我们的健康和道德。我们已经成了不会迁徙的动物，这是命；趁我们住定不动，房子像肺痨一样吞噬我们。将会需要许多许多疗养院。我们是可怜的。我们的住宅使我

们厌烦；我们逃出住宅，经常光顾咖啡馆和舞厅；不然就忧郁地蜷缩着身子聚集在家里，像一些愁闷倒霉的动物。我们心情沮丧。

———

工程师们制造了他们时代的工具。制造了一切，除了住宅和贵妇们腐烂了的小客厅。

———

（在法国）有一所庞大的培养建筑师的国立学校，在所有的国家里，都有国立的、省立的、市立的培养建筑师的学校，它们用花言巧语使年轻的才智之士受骗上当，教给他们虚假的、伪装的、廷臣们用的阿谀逢迎之词。这些国立学校！

———

工程师们是健康而有魄力的，积极而有成效的，高尚而心情愉快的。建筑师们却失去幻想，游手好闲，不是吹牛，就是闷闷不乐。这是因为不久他们就会无事可做了。**我们再也没有钱**去造那些历史纪念物了。我们需要改变自己。

工程师们正为这种情况做准备，他们将来造房子。

———

但**建筑艺术**毕竟还是有的。令人赞叹的东西，最美的东西。幸福的人们造就了它，它又造就出幸福的人们。

幸福的城市有建筑艺术。

建筑艺术在电话机中有，在帕特农神庙中也有。在我们的住宅里，它多么自由自在！我们的住宅组成了街道，街道组成了城市，城市是有灵魂的个体，它感觉，它受苦，它赞美。建筑艺术能够多么融洽地存在于街道和整个城市中啊！

———

诊断是清楚的。

工程师们正在生产着建筑艺术，因为他们使用从自然法则中推导出来的数学计算，他们的作品使我们感到了**和谐**。因此，存在着一种工程师的美学，因为在计算的时候，他必须给方程式中的一些项定性，趣味从而介入进来。人一旦进行计算，他就处于纯粹精神状态，在这种精神状态中，趣味会走一条正确的路。

建筑师们走出学校，那些像炮制出蓝绣球花和绿菊花、培育出肮脏的水仙花的温室一样的学校，他们走进城市，精神状态像一个卖掺了矾、掺了毒药的牛奶的卖奶人。

这里那里，人们还是相信建筑师，就像他们盲目地相信所有的医生。住宅当然应该牢靠。也应当去请教一位艺术家。照《拉胡斯百科全书》的解释，艺术就是运用知识来实现一个观念。而现在，工程师们**有知识**，他们知道造得坚固的方法，采暖的方法，通风的方法，照明的方法。不是这样吗？

诊断说，靠知识办事的工程师为了从头做起，指出道路，掌握真理。作为一种有造型激情的东西，建筑在它的领域里，**也要从头做起，要使用那些易于打动我们意识的、易于满足我们视觉欲望的因素**，并且把它们处理得使它们的形象能以精致或粗犷、动乱或宁静、淡漠或热衷来**清楚地影响我们**；这些因素是造型的因素，是我们的眼睛清楚地看到我们的心力度量到的形式。这些形式，粗糙的或者精致的，柔软的或者粗犷的（球、立方、圆柱、水平、垂直、倾斜，等等）都生理地作用于我们的感官并震荡它们。受到作用之后，我们就易于领会到原始感受之外的东西；因而，某种协调产生了，这些协调作用于我们的意识，使我们进入一个快乐的境界（跟统治着我们、主宰着我们一切行为的宇宙法则共鸣），在这种境界里，人就能充分运用他的记忆、观察、理解和天赋的创造才能。

今天，建筑艺术不再记得那使它诞生的东西了。

建筑师使用各种风格或者过多地讨论结构问题，业主和公众还是按照视觉习惯来感受，并根据他们很不够的知识来理解。我们的外部世界由于机器的使用而大大地改变了它的外貌和功用。我们有了新的观念和新的社会生活，但我们还没有使房屋适应这些新事物。

因此，有必要提出房屋、街道和城市的问题，有必要考察一下建筑师和工程师。

对建筑师，我们提出了“**三项备忘**”。

体块是一种能充分作用于我们的感官，并使我们能够借以感知和量度的因素。

表面是体块的外套，它可以消除或丰富我们对体块的感觉。

平面是体块和表面的生成元，是它，不可更改地决定了一切。

此外，对建筑师来说，“**基准线**”也是一种手段，它把建筑提高为可感知的数学，可感知的数学给我们关于秩序的有益的认识。我们愿意在那节里揭示一些事实，它们比关于石头的灵魂的评述更有价值。我们将停留在建筑物的外观方面，在**感觉**范围之内。

我们想到了房子里的居民和城市里的群众。我们清楚地知道，当前建筑的不幸的很大部分应该归罪于业主，归罪于那些订货、选择、改动和付钱的人。为他们，我们写下了“**视而不见的眼睛**”。

我们太了解那些对我们说“请原谅，我不过是个实业家，我完全生活于艺术之外，是个俗人”的大企业家、银行家和商人了。我们大叫大嚷地对他们说：“你们的全部精力都专注在这个壮丽的目标上了，那就是制造时代的工具和在全世界创造这么大量非常美的东西，它们被经济法则控制着，数学计算跟胆量和想象力结合在一起。请看一看你们所做的；确切地说，这就是美。”

就是这批企业家、银行家和商人，我们看到他们工作之余待在家里，那儿一切都像是在反对他们的存在——四壁局促，塞满了无用而不相称的东西和沉重的令人作呕的气氛，笼罩着关于欧卜松、秋季沙龙、各种风格和无聊的小玩意儿的如此之多的谎话的气氛。他们看上去很尴尬，像笼子里的老虎一样垂头丧气；看得出来，他们在工厂里和银行里会更快活一些。凭着轮船、飞机和汽车的名义，我们要求健康、逻辑、勇气、和谐、完善。

人们会理解我们。这些都是明显的真理。急于辨伪求真并非无事瞎忙。

在有了这么多的谷仓、车间、机器和摩天楼之后，谈谈**建筑**是很愉快的。**建筑**是一件艺术行为，一种情感现象，在营造问题之外，超乎它之上。营造是把房子造起来；**建筑却是为了动人**。当作品对你合着宇宙的拍子震响的时候，这就是建筑情感，我们顺从、感应和颂赞宇宙的规律。当达到某种协律时，作品就征服了我们。建筑，这就是"协律"，这就是"纯粹的精神创作"。

今天，绘画已经超前于其他艺术。

首先，它跟时代唱一个调子*。现代的绘画已经脱离了墙壁、挂毯和装饰用的盆盆罐罐，它自处于一个丰富的、充满了事件的环境中，远不是一个给人消遣的角色；它适合于沉思。艺术不再讲历史了，它叫人沉思；工作之余，沉思一下是好的。

一方面，一大批人需要合适的住宅，这是当前最火急的问题。

另一方面，创业者、活动家、思想家、带头人，需要在一个安静而牢靠的空间里沉思默想，这对才智之士的健康是不可回避的问题。

既受到讥讽又受到冷落的画家和雕刻家先生们，当今艺术的斗士

* 我们谈到的是立体主义及其后的探索所引起的重要发展，不是近两年来侵袭画家的可悲的没落，这些画家们被生意萧条吓得心慌意乱，却又受到一些既没有知识又没有感觉的评论家的吹捧。（1921年）

们，收拾好房子，跟我们一起重建城市吧！你们的作品将要放在时代的背景上，你们将到处被承认和理解。你们将会明白，建筑需要你们的关切。请注意建筑问题。

给建筑师先生们的三项备忘

谷仓

I 体块

我们的眼睛是生来观看光线下的各种形式的。

基本的形式是美的形式，因为它们可以被辨认得一清二楚。

现在的建筑师已经不再能了解这些简单的形式了。

依靠计算来工作的工程师使用几何的形式，他们用几何满足我们的眼，用数学满足我们的心，他们的作品正走在通向伟大艺术的道路上。

谷仓

建筑跟各种“风格”毫无关系。

路易十五、十六、十四式或者哥特式，对建筑来说，不过是插在妇女头上的一根羽毛；它有时漂亮，有时并不漂亮，如此而已。

建筑有更严肃的目的；它能体现崇高性，以它的实在性触动最粗野的本能；以它的抽象性激发最高级的才能。建筑的抽象性具有如此独特又如此辉煌的能力，以致假如它扎根在俗务之中，它能把俗务精神化，因为俗务无非是可能的思想的物质化和象征。俗务只有在我们赋予它以条理之后才能成为思想。建筑所激发的情感来源于已经被忘却了的不可抗拒、不可避免的物质条件。

体块和表面是建筑借以表现自己的要素。体块和表面由平面决定。平面是生成元。对于那些没有想象力的人来说，这多么糟糕。

第一条备忘：体块

建筑是一些搭配起来的体块在光线下辉煌、正确和聪明的表演。我们的眼睛是生来观看光线下的各种形式的；光和阴显示形式：立方、圆锥、球、圆柱和方锥是光线最善于显示的伟大的基本形式：它们的形象对我们来说是明确的、肯定的，毫不含糊。因此，它们是美的形式，最美的形式。不论是小孩、野蛮人还是形而上学者，所有的人都同意这一点。这正是造型艺术的条件。

埃及、希腊或罗马的建筑就是一种棱柱体、立方体、圆柱体、三面角锥体或球体的建筑：金字塔、鲁克索庙、帕特农神庙、大角斗场、阿德良离宫。

哥特建筑压根不是以球形、圆锥形和圆柱形为基础的。只有主教堂的中厅采用简单的形式，但还是二次的复杂几何形（十字交叉拱）。因此主教堂并不很美，我们在它身上寻找造型以外的主观要求作为补偿。一座主教堂作为对一个困难问题的巧妙答案而使我们感兴趣，但这问题的已知条件提供得不好，因为它们不是从伟大的基本形式中产生的。**主教堂不是一件造型作品：它是一出戏剧；反抗重力的斗争，情感型的感觉**。

金字塔、巴比伦的塔、撒马尔罕的城门、帕特农神庙、大角斗场、万神庙、戛合河大桥、君士坦丁堡的圣索菲亚大教堂、伊斯坦布尔的清真寺、比萨斜塔、勃鲁乃列斯基和米开朗琪罗设计的穹顶、王家桥、残废军人院教堂，这些都是建筑。

当今的建筑师，沉溺在他们不出效果的平面“构图”、卷草、壁柱和铅皮屋顶里，没有关于基本体块的概念。在巴黎美术学院里，从来不教这些东西。

加拿大谷仓

美国谷仓

加拿大谷仓

如今的工程师们不追求建筑的构思，只简简单单地顺从数学计算的结果（从统治着宇宙的原则中导出）和活的有机物的观念，他们使用了基本元素，并且把它们按规则互相协调起来，在我们的心里引起了建筑的情感，从而使人类的作品与宇宙秩序共鸣。

这就是美国的谷仓和工厂，新时代光辉的处女作。美国的工程师们以他们的计算压倒了垂死的建筑艺术。

II 表面

体块被表面包裹，表面被体块的准线和导线分划，所以它显示出这体块的特性。

建筑师们现在害怕表面的几何形构成元素。

现代结构的重大问题将在几何学的基础上解决。

工程师们严格服从指令性任务书的要求，利用各种形式的母线和显示线，创造了一些清澈透明的、给人强烈印象的造型作品。

勃拉孟特和拉斐尔

建筑跟各种“风格”毫无关系。

路易十五、十六、十四式或者哥特式，对建筑来说，不过是插在妇女头上的一根羽毛；它有时漂亮，有时并不漂亮，如此而已。

第二条备忘：表面

建筑是一些搭配起来的体块在光线下辉煌、正确和聪明的表演。建筑师的任务是使包裹在体块之外的表面生动起来，防止它们成为寄生虫，遮没了体块并为它们的利益而把体块吃掉：这是目前悲惨的情况。

把体块的形式在光线下的壮观留给体块，但另一方面，要使表面适应于功能的需要，这就是必须在加于表面之上的分划中寻找形式的显示线和母线。换句话说，一个建筑，这就是住宅、庙宇或工厂。庙宇或工厂的表面，在大多数情况下，就是开着门窗洞的墙；这些洞常常破坏形式；必须把它们变成形式的显示者。如果建筑的主要形式是球、圆锥和圆柱，那么，这些形式的母线和显示线就以纯粹的几何学为基础。但几何学使今天的建筑师惊慌失措。今天，建筑师不敢造比蒂宫和利沃里大街；他们造拉斯巴依林荫道。

让我们现在的观察立足于现实需要之上：我们需要一些规划得很合用的城市，它们的体块要美观（城市总平面）。我们需要一些街道，它

们清洁，适合于居民的需要，施工组织中贯彻成套成批生产的思想，构思宏大，建筑群安稳；这些使人欣喜神往并带来完满的新生的东西所具有的魅力。

对一个简单基本形式的单纯的表面加以塑造，就会引起体块本身内部的冲突：构思矛盾，如拉斯巴依林荫道。

对复杂的、各部分交错的体块的表面加以塑造，就是加强体块之内的**抑扬顿挫**。难得的情况，如孟莎设计的残废军人院教堂。

时代的和当代美学的问题是一切都正在导致简单体块的复归：街道、工厂、大商店，所有这些明天都会在前所未有的一个综合的形式下、一些整体的景观下呈现出来。根据功能需要开了门窗洞的表面，应该从门窗洞的简单形式取得母线和显示线。这些显示线实际上是棋盘式或者格栅式的，美国的工厂就是这样。但是，这个几何学引起了恐慌。

如今的工程师们不追求建筑的构思，只简单地顺从一个指令性的任务书要求，获得了体块的母线和显示线；他们指明了道路，创造出了清楚的、简洁的造型作品，给我们的眼以几何体的平静，给我们的心以几何体的愉悦。

这就是那些工厂，新时代的第一批令人满意的成果。

现在的工程师发现他们跟勃拉孟特和拉斐尔许久以前使用过的原则一致。

注意：要倾听美国工程师的建议，但要提防美国建筑师。证明如图：

III 平面

平面是生成元。

没有平面，就会有混乱和任意。

平面包含着感觉的实质。

由集体的需要决定的明天的重大课题，将重新提出平面问题。

现代生活需要并期待着住宅和城市的崭新的平面。

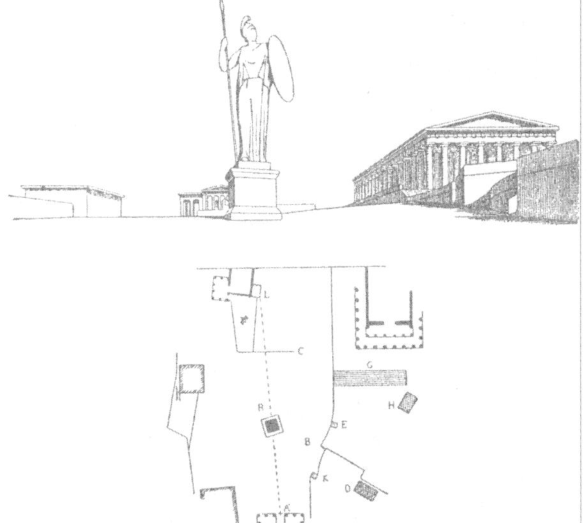

雅典卫城　从山门看帕特农、伊瑞克提翁、雅典娜神像。不要忘记，卫城的地面起伏很大，很大的高差被利用来作为建筑壮观的基座。角度的变化使景观丰富并且细致：建筑物不对称的体形造成了强烈的节奏。这景色是厚实的、有弹性的、有力的、异常敏锐的统治者。

建筑跟各种“风格”毫无关系。

建筑以它的抽象性激发最高级的才能。建筑的抽象性具有如此独特又如此辉煌的能力，以致它扎根在俗务之中，却能把俗务精神化。俗务只有在我们赋予它以条理之后才能成为思想。

体块和表面是建筑借以表现自己的要素。体块和表面由平面决定。平面是生成元。对于那些没有想象力的人来说，这多么糟糕。

第三条备忘：平面

平面是生成元。

观察者的眼睛望着一处街道和房屋。他受到矗立在周围的体块的冲击。如果这些体块是规整的，没有被不适当的歪曲搞坏，如果把它们组合起来的次第顺序表现出一个清楚的韵律，而不是乱七八糟的一堆，如果体块和空间的关系合乎正确的比例，那么，眼睛会把一些互相协调的感觉传递给大脑，心灵就会从中得到一些高级的满足：这就是建筑艺术。

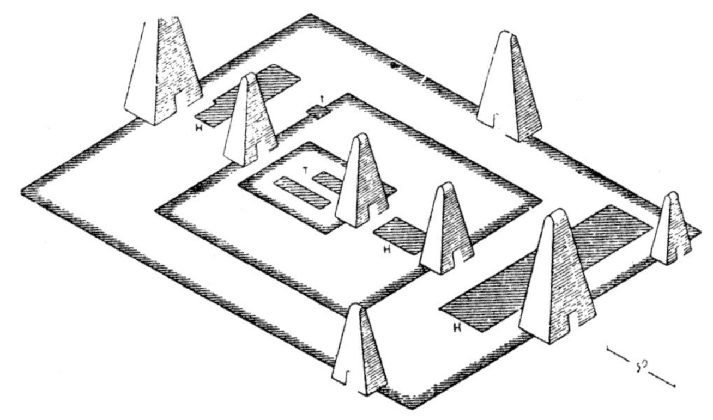

印度教庙宇形制　塔形成空间节奏

在大厅里，眼睛观察墙和拱顶的多变的表面；穹顶决定了空间；拱顶展示它们的表面；壁柱和墙按照可以理解的道理互相配合。整个结构从基础升起，并按照画在地上的平面图中的规律发展：美丽的形式，形式的变化，几何原则的统一性。极有深度地播送出和谐之感来：这就是建筑艺术。

平面是基础。没有平面，就没有宏伟的构思和表现力，就没有韵律，没有体块，没有协调一致。没有平面，就会有人们不能忍受的那种感觉：畸形、贫乏、混乱和任意的感觉。

平面需要最活跃的想象力。它也需要最严格的规矩。拍定平面就是定下一切，这是决定性的一举。平面不像一位太太的脸那样画来好看；这是一个朴素的抽象；它只不过是看起来很枯燥的代数演算。数学家的工作同样也是人类精神的最高活动之一。

有序布局是一种可以觉察的韵律，它以同样的方式作用于一切人。

平面本身包含着一个已经决定了的基本的韵律：建筑物依它的规定向广度和高度发展，从比较简单到比较复杂而仍不离同一个法则。法则的统一性，这是优秀平面的法则：变化无穷的简单法则。

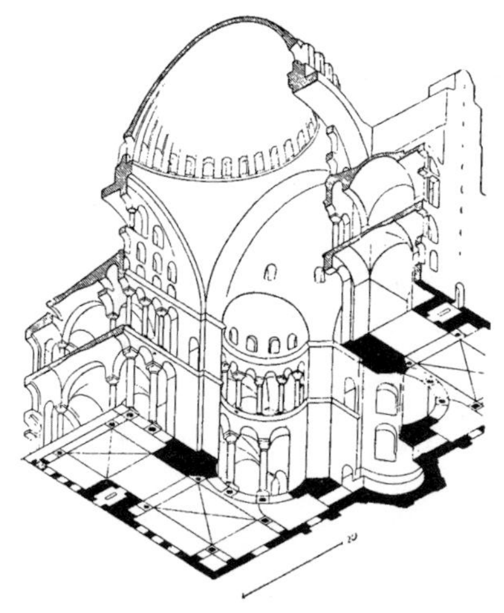

君士坦丁堡的圣索菲亚教堂　平面影响着整个结构：作为它的基础的几何法则和它的模数在建筑物的每个部分中发展着。

韵律是从简单的或复杂的匀称中导出的平衡状态，或者是从精巧的均衡中导出的。韵律是个方程：相等（对称，重复）（埃及庙宇和印度教庙宇）；均衡（各种对比的运动）（雅典卫城）；抑扬顿挫（从一个初始的造型构思发展）（圣索菲亚教堂）。每一个个体有那么多的根本不同的反应，虽然目标统一，而目标统一就是韵律，就是平衡状态。由这点出发，各个伟大的时代的差别如此惊人，这些都是建筑原则上的差别，而不是装饰方式的差别。

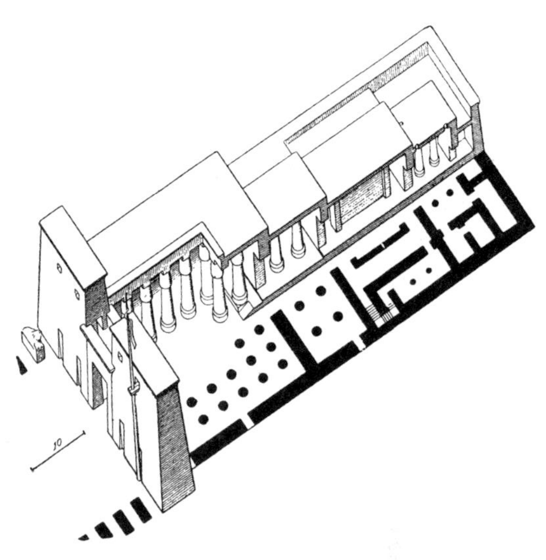

底比斯神庙

平面包含着感觉的实质。

但是一百年来平面意识已经失去了。由集体的需要决定的明天的重大课题，以统计为基础、以计算为方法来建造房屋，将重新提出平面问题。当人们理解了在城市规划中必须具有的视野的广度之后，我们将进入一个空前未有的时期。整个城市应该像东方的神庙和路易十四的残废军人院教堂和凡尔赛宫一样地考虑和设计。

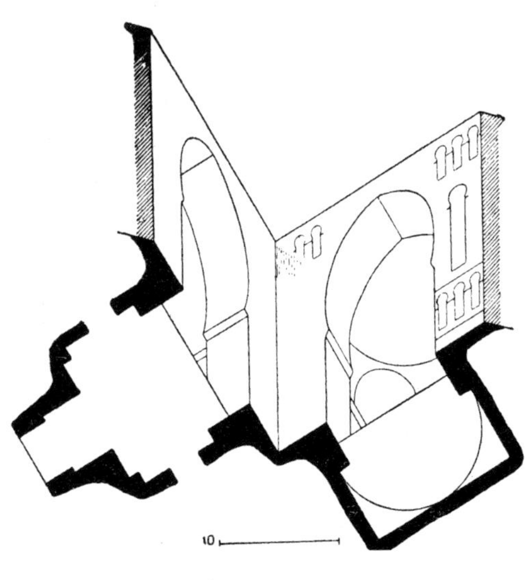

叙利亚　阿曼宫

当代的技术——财务管理技术和施工技术——可以实现这项任务。

托尼·迦尼埃在里昂的埃里欧支持之下，设计了“工业城”。

这是一个条理井然的设想，一个功能答案和造型答案的结合物。一个统一的原则把同样的基本体块分布到城市的所有小区里去，根据实际的需要和建筑师特有的诗的意识确定空间。虽然对这个工业城各小区之间协调性的评价有保留，人们仍将接受这些由秩序而产生的大有益处的效果。什么地方秩序占统治地位，什么地方就有好日子过。由于幸运地发明了一种小区制度，工人居住区本身就获得了很高的建筑意义。这就是平面的效果。

在当前这种等待的情况下（因为现代的城市规划学还没有诞生），我们城市里最漂亮的地区必是工厂区，那儿产生雄伟性和风格——几何性——的原因是问题本身的结果。从来没有平面，直到现在还没有。良好的秩序控制着市场和车间的内部，决定着机器的结构和它们的运转，制约着工人班组的每一个行动；但垃圾毒害了环境，到处是可怕的混乱，而墨线和直角尺定下了房屋的位置，使它们的扩展又无效，又昂贵，又棘手。

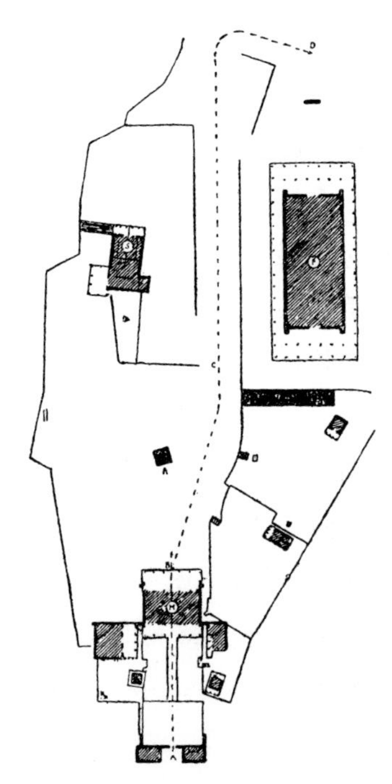

雅典卫城　平面看去好像没有规则，这只能骗住外行人。各部分的平衡是很重要的，它是由从彼列到潘特利克山的著名风景决定的。这布局是考虑从远处看的：轴线沿着山谷走，直角的假象是用第一流的舞台手法设计的。卫城造在岩石和支承墙上，从后面看去，它们像坚实的一块。各个建筑物适应它们特殊的地形，却又形成整体。

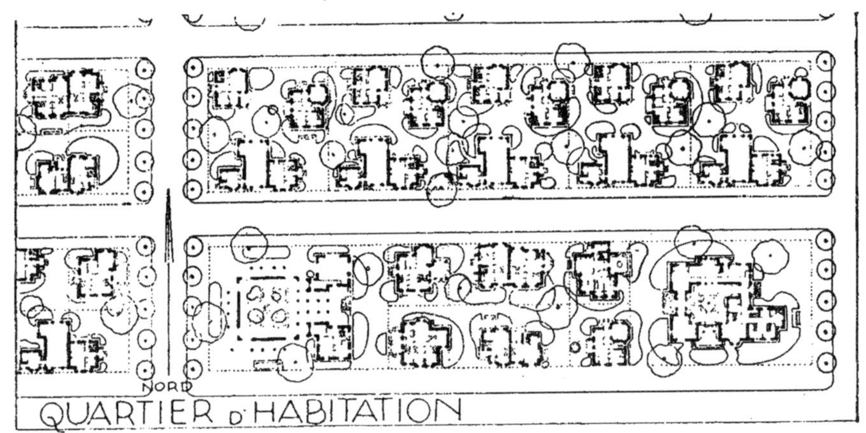

托尼·迦尼埃的“工业城”中一个居住区　在对“工业城”进行大规模研究工作中，迦尼埃假定社会制度已经实现了某些进步，从而产生了城市正常扩建的一些条件：今后社会有支配土地的自由。每家有一所房子；地面的一半用来造房子，另一半种上树，大家公用；没有围墙。今后可以朝各个方向穿过城市而不必管街道，步行者没有必要再循着街走了。城市的土地是个大花园。人们可能会责备迦尼埃，说他在市中心把住宅区的建筑密度搞得这么低。

有一个平面就好了。一个平面足够了。许许多多的损失使我们认识到这一点。

一天，奥古斯特·彼亥创造了这个词：“塔城”。这个光辉的词在我们心中引发了一首诗。这个词提得及时，因为事情已经很紧迫！我们不知道，哪个“大城市”酝酿着一个平面。这平面也许是过大的，因为大城市是一股正在上升着的浪潮。现在我们应该放弃我们城市目前的总规划了，这个规划把房屋密密麻麻地堆积起来，道路错综交织，狭窄而且充满了噪声、油烟和灰尘，那儿房屋的每层楼都把窗子完全敞开，向着那些破破烂烂的肮脏垃圾。大城市密度过大，不利于居民的安全，但对满足企业的新需求来说，密度又不够大。

参照美国摩天楼的大规模建设经验，我们可以把人口密集到少数几个点上，在那儿造60层的大厦，钢和钢筋混凝土能实现这种大胆的设

托尼·迦尼埃　在各种不同住宅之间穿过的小路

托尼·迦尼埃　住宅区中道路

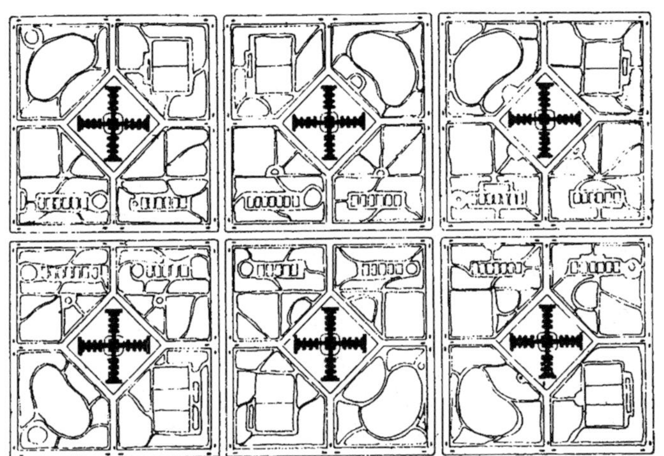

勒·柯布西耶　1920年　塔楼城平面　小区的方案。60层，220米高；塔楼间的距离为250—300米；塔楼宽150—200米。尽管有大面积的花园，城市的标准密度仍增加5—10倍。这些建筑物似乎只能做办公用，所以要造在大城市的中央，以减少城市干道的拥挤；家庭生活吃力地适应着那些电梯的神妙的机制。数字是惊人的、铁面无私的、辉煌的：每个工人有10平方米面积，一座200米高的摩天楼可以容纳40000人。

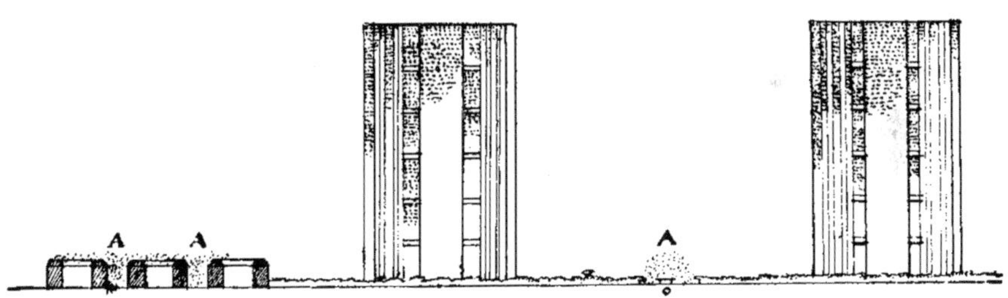

塔楼城市　此剖面图在左侧表现灰尘、臭味和噪声如何窒息着我们现在的城市。塔楼却远离了这些，而位于树木与草地中的新鲜空气里。整个城市穿上绿装。

想，而且会发展出一种立面，使所有的窗子开向广阔的远景；从此，天井内院将会消灭。从14层往上，空气新鲜，绝对安静。

这些塔楼要给迄今为止一直窒闷在拥挤的住宅区和堵塞的街道里的工人住，在它们里面，所有的设备都照美国人的经验安装起来，效

勒·柯布西耶　1920年　塔楼城　塔楼在园林和运动场、网球场、足球场之中。主要干道有架空路面，把低速交通、高速交通和超高速交通分开。

率高，节省时间和人力，因此必然很安静。这些塔楼之间的距离很大，把迄今为止摊在地面上的东西送上云霄；它们留下大片空地，把充满了噪声和高速交通的干道推向远处。塔楼跟前展开了花园，满城都是绿色。塔楼沿宽阔的林荫道排列，这才真正是配得上我们时代的建筑。

奥古斯特·彼亥提出了塔城的原则；他没有设计它*。相反，他接受了《不妥协报》(*Intransigeant*)记者的采访，把他的想法随随便便就发挥得越出了合理的界限。他用危险的未来主义的面纱把一个健康的思想掩盖住了。记者记录到，有一些高大的桥把每一座塔楼连接起来；这是为什么？既然主干道离住宅很远，而在公园里、在树荫下、在草地上和游乐场内逍遥自在的居民们一点也不想到那叫人目眩头晕的走道上去散步，在那儿他们无事可干。那位记者同样地希望把这座城市造在无数钢筋混凝土柱子之上，把路面层提到20米高（6层楼）连接各个塔楼。

* 在画1920年的那些草图时，我曾打算体现奥古斯特·彼亥的构思。但是，1922年8月号的 *Illustration* 上发表的他自己的设计图，却表现了另一种观念。

这些柱子使城市下面有大片空地，在那儿可以绰绰有余地设置城市的脏腑：水管、煤气管和下水道。平面图还没有画出来，而没有平面图构思就不能进一步发展。

这个用柱子的设想，我早就向奥古斯特·彼亥提出过了，这是一个很不那么壮观的设想，不过它能符合实际需要。它适用于当今的城市，如今日的巴黎。不开挖土地造厚厚的基础墙，不没完没了地挖了又填、填了又挖那些深沟来敷设水管、煤气管、下水道和地下铁道，再没完没了地维修（西西弗的劳动）。我们决定，把新的小区造在同一个地坪上，地坪的基础用数量合理的混凝土的柱墩代替；柱墩支承着房屋的底层，向外侧挑出人行道和公路*。

在这个4—6米高的空间里，可以跑重型货车和替代笨重的电车的地下铁路火车，它们直接可通房屋的地下室。这样就形成了一个完整的交通网，跟人行道和高速交通道分开。它的布局合理，躲开了密集的房屋：排列得整整齐齐的塔林，为城市进行商品交换、供应给养和一切经常的和大量的必需品，这些活动现在堵塞着交通。

咖啡馆、娱乐厅等等不再是腐蚀着人行道的霉菌了：它们搬到屋顶的平台上去，所有奢侈品商业也都搬去（因为跟整个城市一样大的面积空着不用，只留给瓦片跟星星在那儿交头接耳地密谈，是毫无道理的）。在寻常街道上空架起不长的过道，在这些收复回来的新地段之间建立起交通来，它用于休息，掩映在树木花草之间。

这个想法使城市的交通面积翻了至少三番；它是切实可行的，**满足了需要，造价低，比现今的习惯做法合理**。在我们现有城市的旧框框里它也是合理的，就像塔城构思在未来城市里那么合理。

由此可见，一个道路系统带动了城市规划的完全革新，引起了出租住宅的根本改造；这个由家庭经济的变化所诱发的迫在眉睫的改造需要新的公寓住宅平面和全新的跟大城市生活适应的服务机制。这儿，平面也是生成元；没有它，就会有贫困、混乱和专断。

---

* 进一步阅读见《系列化住宅》。

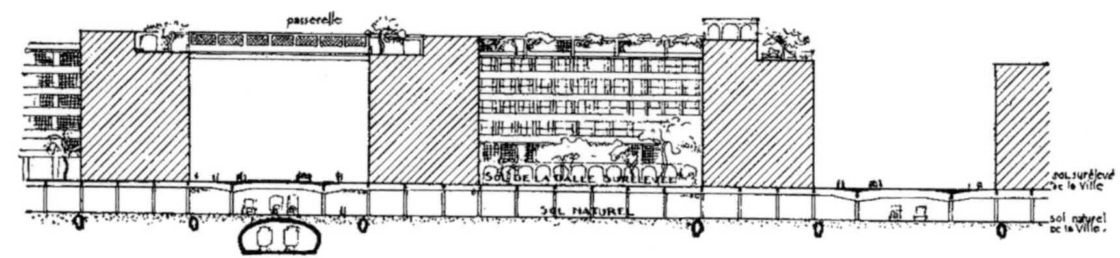

勒·柯布西耶　1951年　架空城市　城市地面架在柱子上，高4—5米。柱子是城市的基础，地面是城市的底板，道路和人行道像桥梁。在这底板之下直接通过从前是埋在地下而且很难维修的水管、煤气管、电缆、电话线、压缩空气管、下水道、小区的暖气管，等等。

不再把城市用被两侧像峭壁一样的七层楼夹着的、狭窄的阴沟似的街道划成方块，方块里围着肮脏的小院，像没有空气、没有阳光的臭坑。我们现在在同样的面积里，以同样的人口密度，规划了住宅大厦，它们反复地曲折，沿干道延伸。再也没有小院了，公寓的各面都向空气和光线敞开，望见的不再是现在这种林荫道边病恹恹的树木，而是广阔的草地、游戏场和浓密的绿荫。

大厦的凸出部分有规则地给长长的林荫路打着节拍。曲折引起了影子的变化，有利于建筑的表现力。

钢筋混凝土结构决定了结构美学中的革命。由于取消了坡顶，代之以平顶，钢筋混凝土导致了平面的美学，这是从来没有过的。曲折与后退成为可能，今后带来明暗交界的变化和投影的变化，不再是自上向下投影，而是从左向右投影。

这是平面美学中一个重大的变化；人们还没有感觉到它；现在为城市的扩建做设计，思考它是有用的*。

我们正处于一个建设时期，一个重新调整以适应新的社会和经济条件的时期。我们正在绕过一个海岬，新的前景只有在彻底修正现行的手

* 此问题将在编写中的《城市规划》中研究。

勒·柯布西耶　1920年　两侧房屋后退的街道　空间开阔，充满了阳光和空气，所有的公寓都面向这空间。住宅跟前就是花园和游戏场。光洁的立面上开大大的窗子。平面上的连续曲折造成了光影的变化。轮廓多变和立面的几何格网上的绿化造成景观的丰富性。当然，像塔楼城市一样，这需要财力雄厚、能在整个地段进行建设的大企业。在战前，小型的这样的财团已经存在。一位出色的建筑师主持一条街的设计：统一、宏伟、高贵、经济。

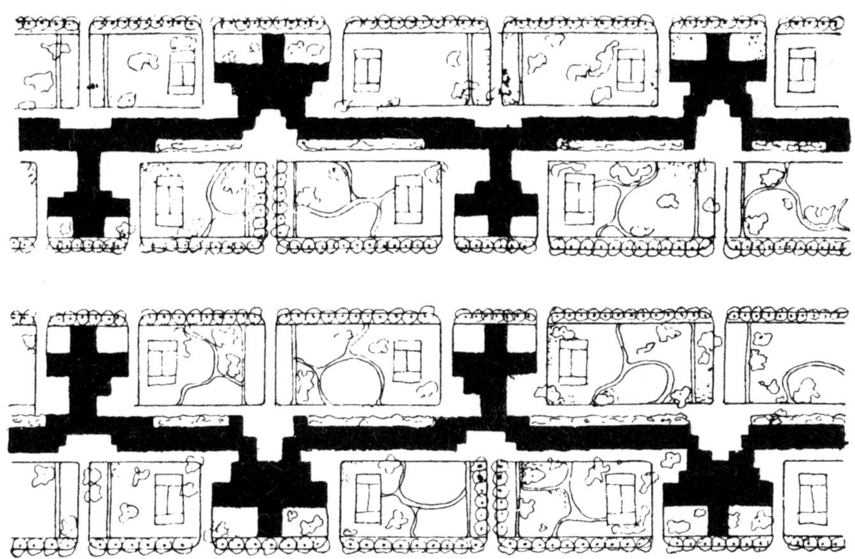

勒·柯布西耶　1920年　两侧房屋后退的道路

勒·柯布西耶和皮埃尔·惹耐亥　住宅的屋顶花园

段和确定合乎逻辑地建立起来的新的结构基础之后才能恢复伟大的传统路线。

在建筑中，古代的结构基础已经死亡。我们只有在新的基础为一切建筑表现建立起逻辑支持之后才能恢复建筑的真实性。为建立这些基础，需要20年时间：有大问题的时期，分析和试验的时期，审美观的大动乱时期，形成新审美观的时期。

必须研究平面，它是这场进化的关键。

基准线

巴黎凯旋门——圣德尼门（布隆代尔）

从建筑诞生之时起就存在着。

为条理性所必需。基准线是反任意性的一个保证。它使理智满意。

基准线是一种手段；它不是一张药方。选择基准线和它的表现方式，是建筑创作的一个组成部分。

原始人停下车来，他判定这儿是他的土地。他选了一块林中空地，砍倒过于逼近的树木，平整周围的土地；他开辟道路通向河流和他刚刚离开的部落；他埋设木桩拴牢他的帐篷；他用栏栅围住帐篷，在栏栅上安一个门。他在他的工具、臂力和时间所允许的条件下，尽量把路开直。他的帐篷的木桩排成方形、六角形或八角形。栏栅围成矩形，四角相等，都是直角。茅屋的门位于栏栅的中轴线上，栏栅的门正对着茅屋的门。

部落的人决定给神造一个遮蔽风雨的东西。他们把它放在一个清理得很好的空地中的一个位置上。他们把它用结实的茅屋盖起来，他们给茅屋打下木桩，也是排成方形、六角形或八角形的。他们用结实的栏栅保护茅屋，埋下木桩，把栏栅的高高的柱子用绳子固定在木桩上。他们划定留给祭司的地段，设置祭坛和盛祭品的盆子。他们在栏栅上开的门在神堂的门的轴线上。

没有原始的人，只有原始的工具。思想是不变的，从一开始就潜在着。

请注意这些平面，一个基本的数学支配着它们。这里有量度。为了建造得好一些，为了比较好地分布应力，为了建筑物的牢固与实用，量度制约一切。建造者取最简单的、最常见的和最不容易丢失的工具作为量尺：他的步幅，他的脚，他的前臂，他的手指。

为了建造得好一些，为了比较好地分布应力，为了建筑物的牢固与实用，他采用了量度，他采用了一个模数，**它控制着他的工作**，它带来了秩序。因为，在他的周围，树林是没有秩序的，长着藤、荆棘，它们跟树干一起妨碍着、阻滞着他的劳动。

在度量时他就建立了秩序。他用步幅、脚、前臂和手指头来度量。当他用脚和前臂来建立秩序的时候，他创造了控制整个建筑物的模数，因此这建筑物就合于他的尺度，对他方便舒适，合于**他本身的量度**。它

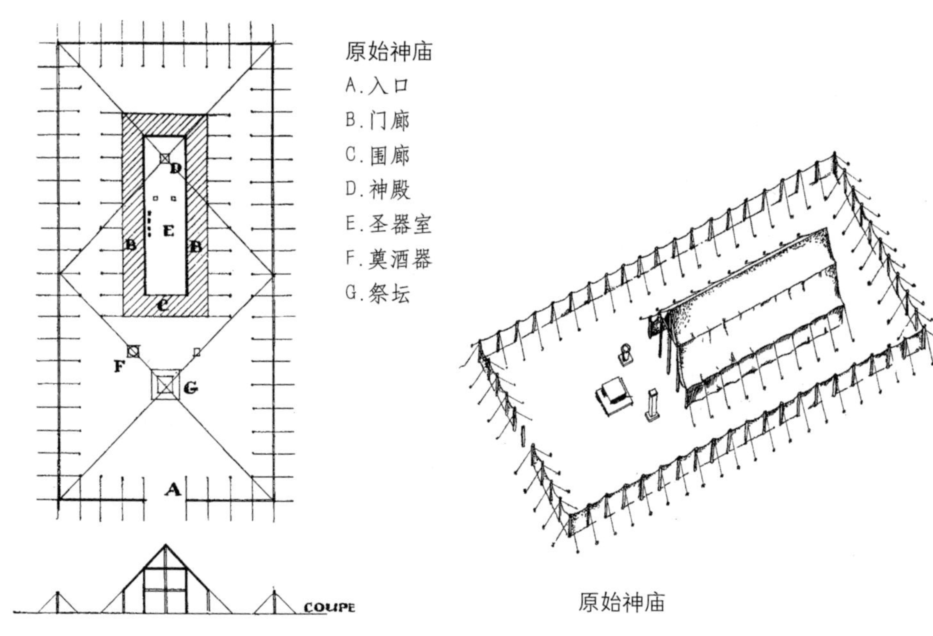

原始神庙
A.入口
B.门廊
C.围廊
D.神殿
E.圣器室
F.奠酒器
G.祭坛

原始神庙

合于人的尺度，这是主要之点。

在决定栏栅的形状、茅屋的形状，决定祭坛和其他物件的位置时，他本能地采取直角、轴线、正方形、圆形。因为他不能创造出别的可以使他感到自己正在创造的东西来。因为轴线、圆、直角都是几何真理，都是我们眼睛能够量度和认识的印象，否则就是偶然的，不正常的，任意的。几何学是人类的语言。

但是在决定物和物之间的距离时，他发现了韵律，眼所能见的韵律，清楚地显现在它们的关系中。这些韵律存在于人类开始活动之初。它们以一种有机的必然性在人的心里响了起来，正是这个必然性使孩子们、老人们，野蛮人和文明人都画出黄金分割来。

模数进行度量和统一；基准线进行建造并使人满意。

———

大多数建筑师现在还没有忘记伟大的建筑起源于人性并且与人类本能直接有关吗？

当人们看到巴黎近郊的小住宅、诺曼底沙丘上的别墅、现代化的林荫道和国际博览会时，他们不会确信建筑师是没有人性的人，游于化外，不食烟火，也许是给另一个星球工作吗？

这是有人教会他们的一种奇异的技能：通过别人——瓦匠、木匠、细木工匠——去完成需要坚韧、细心和灵巧的奇迹，即把屋顶、墙壁、窗、门等丝毫没有共同点并且没有目的和结果的要素造出来，形成有用的整体。

———

在这种情况下，人们一致把几个懂得森林中原始人的经验、断定有过基准线的人视为危险的扯淡家、闲逛者、白痴、低能儿和拉不出屎来的人，他们说："你用你的基准线扼杀了想象，你把一种秘诀推上了至高无上的宝座。"

——但以前一切时代都利用过这个必需的工具。

——这是假话，是你编造的，因为你是一个头脑古怪的人！

——但是过去给我们留下了许多证据，文献、图像、石碑、石刻、石板、羊皮纸、手稿、印刷品……

———

建筑是创造着世界的人类的第一个表现，人们按自然的形象来创造世界，符合于自然法则，符合于统治着我们的自然和我们的世界的法则。重力、静力和动力的法则是以归谬法使人服从的：不挺住就倒塌。

一个最高决定论向我们的眼睛亮出了自然的创造物，并把一件平衡的、合理地制成的东西的安全性告诉我们，把无限地模数化的、进化着的、变化的和统一的东西的安全性告诉我们。

最重要的物理法则既简单又少。精神的法则既简单又少。

现代人用刨子刨光一块木板只要几秒钟。过去的人用刨子刨木板也刨得很好。很原始的人用石器或刀子加工木板就粗糙得很。很原始的人用模数和基准线来使他的劳作容易一些。希腊人、埃及人、米开朗琪罗或布隆代尔使用基准线来校正他们的作品，满足他们艺术家的感觉和数学家的思维。现代人什么都不用却要造拉斯巴依林荫道。他声称他是一位自由诗人，他的本能满足了，但他的本能只有用从学校学来的技巧才能显示出来。一个挣脱脖子上的枷锁的抒情诗人，他知道一些事情，但这些事情既不是他发明的也不是他检验的，这个人在接受教育的过程中失去了儿童的天真和生气，不会像儿童那样不厌其烦地问："为什么？"

基准线是反任意性的一个保证。这是一个验证的方法，校正在狂热中所做的工作，这是小学生的穷举证法，数学家的"Q.E.D."（证毕）。

基准线是精神领域里的满足，它导致探索精巧的比例和和谐的比例。它给作品以协调。

基准线带来了可以感知的数学，它提供关于规则的有益的概念。选择一条基准线，就决定了一件作品的基本几何性质，它因此决定了基本印象之一。选择基准线是灵感的决定性时刻之一，是建筑学的重大程序之一。

下面是一些基准线，它们可用来做出非常美的东西，它们是这些东西为什么非常美的原因。

1882年从彼列发掘出来的大理石板上的图：

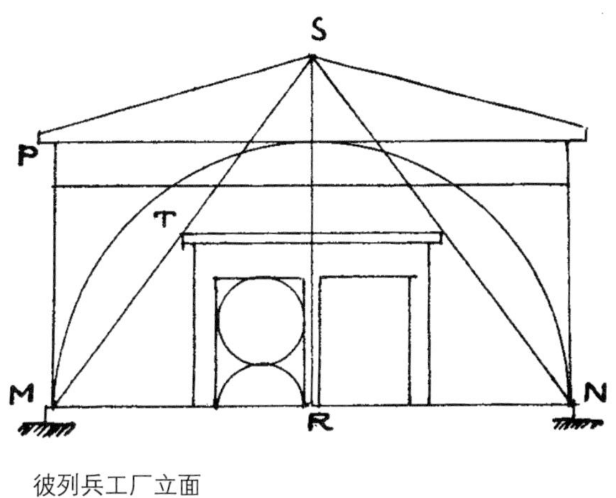

彼列兵工厂立面

彼列的兵工厂的立面是由几个简单的局部决定的，它们使基础宽度跟高度成比例，这决定了门的位置和它的跟立面的比例有密切关系的大小尺寸。

从迪厄拉夫阿的书中摘录：

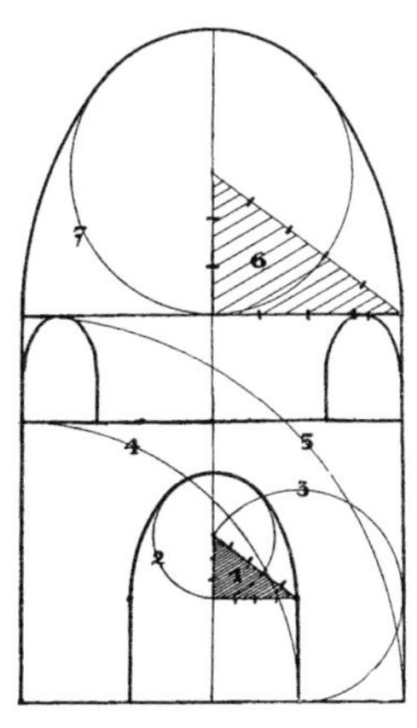

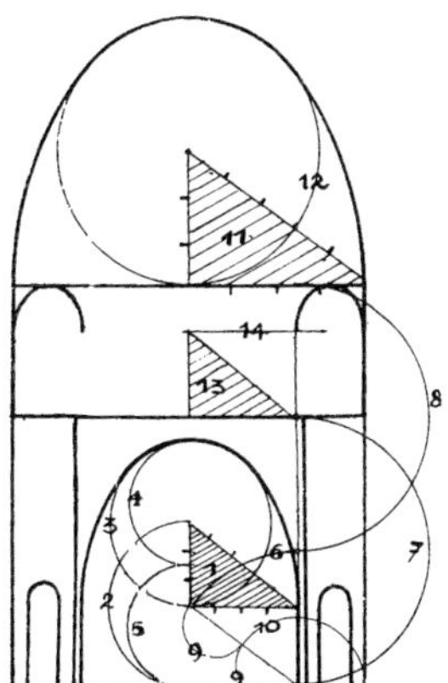

阿盖美尼亚人穹顶

阿盖美尼亚人的穹顶是几何学的最精巧的成果之一。一旦穹顶观念应这个民族和这个时代的抒情的需要，在所采用的结构原理的静力学论据之上建立起来，基准线就调整、校正、互协它的一切部分，所根据的唯一原则就是3，4，5三角形的原形，从门廊一直到拱的顶端都一样。

巴黎圣母院正面的量度：

巴黎圣母院

主教堂的立面在正方形和圆形支配之下。

一张罗马市政厅照片上的基准线：

罗马市政厅

直角明确表达了米开朗琪罗的意图，它决定了控制两翼和中央主要部分的大分划的原则，这原则也控制着两翼的细节、大台阶的坡度、窗子的位置、基座层的高度，等等。

这建筑物是在它的位置上被推敲的，它的整体外廓跟周围的空间和体块相协调，它缩成一团、采取集中式、是一个单体、到处表现同一个规则，成为一个魁伟结实的东西。

布隆代尔关于它的圣德尼门的笔记的摘录（见本章标题页图）：

基本体形决定了，画出了券门的草图。一条以3为模数的控制性基准线分划门的总体，在高度和宽度方向上划分它的各部分，以同一个数为单位控制一切。

小特里阿农：

小特里阿农　凡尔赛

直角布局。

一座别墅的构图（1916）：

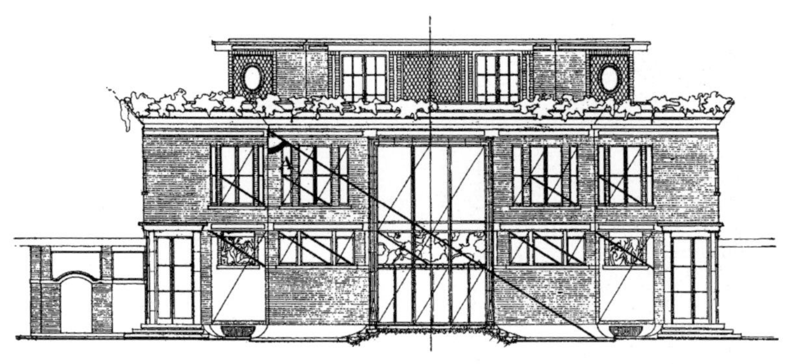

勒·柯布西耶　1916年　别墅

立面的总体，不论前面还是后面，都在同一个“A”角的控制之下，它决定了一条对角线，这对角线有大量平行线，而它们的垂直线则制约了所有的次要因素，如门、窗、墙面等等，直到很小的细部。

这所小小的别墅位于许多没有规则的建筑物中间，看起来显得更高贵，属于另一个等级*。

勒·柯布西耶和葱耐亥　1923年　住宅

* 请原谅我以我自己的作品为例，尽管我做了调查研究，遇到现在建筑师的时候我仍然感到不愉快，他们关心的是这个问题：在这个题目里，我只引起了惊讶，或者遭到了反对和怀疑。

勒·柯布西耶　1916年　别墅背面

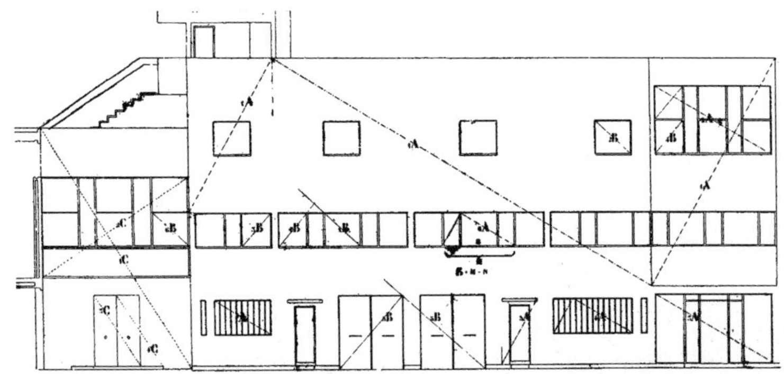

勒·柯布西耶和惹耐亥　1924年　欧朵伊的两所住宅

视而不见的眼睛

弗朗德远洋轮船　大西洋公司

I 远洋轮船

一个伟大的时代刚刚开始。

存在着一种新精神。

存在着大量新精神的作品；它们主要存在于工业产品中。

建筑在陈规旧习中闷得喘不过气来。

那些“风格”都是欺骗。

风格是原则的和谐，它赋予一个时代所有的作品以生命，它来自富有个性的精神。

我们的时代正每天确立着自己的风格。

不幸，我们的眼睛还不会识别它。

存在着一种新精神：这是建设的精神，由一个清晰的观念指导着的综合的精神。

不管你怎么看它，它在当今鼓舞着人类大部分的活动。

一个伟大的时代刚刚开始。

《新精神纲领》，1920年10月第1期

今天已没有人再否认从现代工业创造中表现出来的美学。那些构造物，那些机器，越来越经过推敲比例、推敲体形和材料的搭配，以致它们中有许多已经成了真正的艺术品，因为它们包含着数，这就是说，包含着秩序。那些从事工商业因而生活在有魄力的气氛之中并在这种气氛中创造无可置疑的美的产品的才智之士，自以为跟美学活动相去甚远。他们错了，因为他们正置身于**现代美学的最积极的创造者行列之中**。没有一位艺术家，也没有一位工业家曾经阐述过这一点。正是在大量性普及产品中蕴含着一个时代的风格，而不是像人们通常相信的那样，风格蕴含在一些精致的装饰品里。装饰品无非是些攀附在唯一能够提供风格要素的思想体系之上的外加之物罢了。螺钿不是路易十五风格，莲花不是埃及风格等等。

（摘自《新精神纲领》）

这些“**装饰艺术运动**”正猖獗！在30年暗中工作之后，它们现在到了顶峰。一些热情的评论家正在议论**法国艺术的新生**！从这个事件（它没有好下场）要记取，除了装饰的再生之外，还有别的事发生：新时代

保尔·维拉　悬吊装饰　文艺复兴

将取代死亡着的时代。机械主义，人类历史上的新事物，已经引起了一个新精神。一个时代要创造它的建筑艺术，作为思想体系的鲜明的形象。在这个危机时期的混乱中，在一个有清晰明白的思想的、有确定的意志的新时代来临之前，装饰艺术就像一根稻草，人们以为在暴风雨中的波涛里可以紧紧抓住它。虚假的拯救者！从这件事要记取，装饰艺术倒也提供了一个恰当的机会来摆脱过去并摸索着追求建筑的精神。建筑的精神只能是精神的和物质的状态的产物。看起来，一些事件一个接一个迅速发生，以致出现了时代精神状态，同时，很可能形成一种建筑精神。如果说这些装饰艺术运动正位于危险的、马上就要倒塌的峰顶，人们可以说，被它们激发起来的精神将会认识它所渴望的东西。我们可以相信，建筑的钟已经响了。

希腊人、罗马人、伟大的时代（译者按：指路易十四时期），帕斯卡和笛卡尔被错误地请来为装饰艺术辩护，他们其实是启发了我们的论断，我们此时此地已登建筑之堂奥，建筑艺术是一切，偏偏不是装饰艺术。

垂幔、吊灯和花环，精美的椭圆形，那里面三角形的鸽子用喙梳理着羽毛或者互相梳理，贵夫人的小客厅，用金色或黑色天鹅绒靠垫装饰的，只不过是一个死亡了的精神的令人厌烦的见证。这些被宝贝蛋或者

阿基达尼亚号　古纳公司　容3600客

被愚蠢的乡下“窝囊废”气闷而死的圣殿使我们恼怒。

我们要空气充足、光线明亮的趣味。

无名的工程师们，锻工车间里满身油垢的机械匠们，构思了并制造了这些庞然大物，这就是远洋轮船。我们这些土佬儿，没有欣赏能力。如果为了教育我们学会在这些“移风易俗”的作品前面脱帽致敬，而给我们一个机会为参观一艘远洋轮船走上几公里，那可是一件高兴的事。

建筑师们生活在书本知识的狭窄天地里，生活在对新的建造准则的一无所知里，他们的观念很自然地还停留在相互梳理羽毛的鸽子这类小雕饰上。但远洋轮船的那些勇敢而聪明的建造者们却造了一些比主教堂大得多的宫殿，还把它们扔到水里去。

建筑在陈规旧习中闷得喘不过气来。

在过去是必要的厚墙，至今还固执地在使用，而玻璃和砖的轻薄的幕墙却已能围护负荷着50层楼的底层。

例如，像布拉格这样的城市里，一项过了时的陈旧规范规定住宅的

阿基达尼亚号　古纳公司

拉莫利谢号　对建筑师们说：一种更技术性的美。噢，道赛车站！一种更接近它的真实原因的美！

墙在顶端的厚度为45厘米，以下每层挑出15厘米，所以底层的墙的厚度可能达到1.5米。现在，使用大块石头的立面构图产生了荒谬的结果，本来为了采光之用的窗子，被框在深深的窗洞里，它们毫不含糊地抵制着窗子的本意。

在大城市昂贵的地皮上，我们仍然可以见到正在建造建筑物的基础，都是些巨大的柱子的基础，虽然几根简单的混凝土柱子会有同等的功效。坡屋顶，那些可怜的坡屋顶还在流行，这是一个不能原谅的荒谬现象。地下室依然又潮又挤，城市的管道总是埋在石板路面之下，就像尸体，虽然有一个立即可行的、合乎逻辑的构思可以提出解决的办法。

那些“风格”——因为很有必要做一些事情——作为建筑师的股份参与进来了。它们掺和到立面和客厅的装饰里去；这是风格的旧蜕，老年代的破衣服；但这是那个“您誓死不二的忠仆！”在过去的年代前面毕恭毕敬、奴相毕露：一种手足无措的谨卑。这是欺骗，因为“际此盛世”，立面是平滑的，有合乎人体的良好比例，整齐地开着窗子。墙要尽可能地薄。那些宫殿怎么样？对当年的大公爵是好的。现在还有教养良好的绅士去模仿那些大公爵吗？贡比埃尼、商迪、凡尔赛，从一个特定的角度看是好的，但……有许多事情要说。

住宅像神堂，神堂像住宅，家具像宫殿（有山花、雕像、螺旋形的或没有螺旋的柱子），水瓶像家具或住宅，伯纳德·巴立西的碟子根本盛不下三粒榛子！

这些“风格”正在死去！

住宅是住人的机器。浴盆、阳光、热水、冷水、随意调节的温度、保存菜肴、卫生、比例良好的美。扶手椅是坐人的机器，等等；马伯尔指出了道路。碟子是喝汤的机器：朱弗制造了它们。

我们的现代生活，我们活动的全部时刻，除了喝椴花冲剂和洋甘

阿基达尼亚号　跟你的英国烟斗、你的办公室家具、你的轿车有同样的美。

阿基达尼亚号　对建造师们说：全部开窗的墙，充满光线的大厅。这跟我们住宅里开在墙上的窗子对比多么强烈！我们住宅的窗子注定了它们的两侧墙面是阴影区，使我们的房间幽暗，又使光线显得太强，以致不得不用窗帘去使光线柔和。

法兰西号　关于比例。仔细看它，并且想想维希宫、赛马特宫或比阿立支宫，也想想巴希新街。

阿基达尼亚号　对建筑师们说：诺曼底沙滩上的一幢别墅，造成这样，比造成有沉重的诺曼底瓦屋顶的那种要好多了，那太重了！不过，人们会说，这不是海上风格。

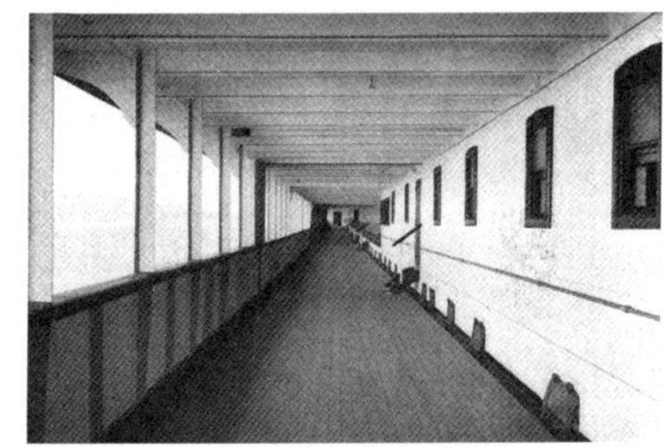

阿基达尼亚号　对建筑师先生们说：这长走廊的价值在于使人满意并引起兴趣的体形；材料的和谐，结构构件的优美的安排，合理的开敞和统一的整合。

拉莫利谢号　建筑师们：建筑的形式，合于人体尺度的构件既庞大又亲切，从窒息人的风格里解放出来，虚实之间的对比，巨大体积和纤细构件之间的对比。

法国王后号　加拿大太平洋公司　一个纯粹、干净、明朗、合理、健康的建筑艺术。对比一下：地毯、靠垫、华盖、锦缎花纹的墙纸、金漆雕花家具、老侯爵夫人的色彩或者俄罗斯芭蕾舞；这些西方旧货市场的阴沉的凄凉相。

菊冲剂的时候（译者按：指感冒的时候），创造了它的物品：衣服，自来水笔，自动铅笔，打字机，电话，漂亮的办公室家具，平板玻璃和箱子，吉利牌胡子刀和英国烟斗，礼帽和汽车，远洋轮船和飞机。

我们的时代正每天确立着自己的风格。它就在我们眼前。

有些眼睛视而不见。

应该消除一个误会，就是把艺术跟崇敬装饰混为一谈，我们已经被害苦了。把那些借助于对时代一无所知的装饰家的理论和胡言乱语，以该骂的轻率态度掺和进一切东西里去的艺术感情统统清除掉！

艺术是一件严肃的事，它有它神圣的时刻。我们亵渎了它。一种轻薄无聊的艺术向一个需要组织、工具和方法的，正苦苦努力着争取巩固新秩序的世界频送秋波。一个社会首先靠面包、阳光和必要的设备过活。百事待举！任务重大！这任务是如此艰巨，如此紧迫，人人都要投身到这个不可推卸的工作里去。机器建立了新的工作和休息秩序。整个城市都要新建，要改建，考虑最低限度的设施。长期缺乏最低限度的设施，可能引起社会平衡的动荡。现在社会不稳定，它在混乱中分裂已有50年了，这50年里世界面貌的变化大于过去6个世纪的变化。

当前要建设，不要开玩笑。

当我们时代的艺术站在才智之士的一边时，它站对了位置。艺术不是大众化的东西，更不是“奢侈的心肝宝贝”。艺术仅仅是那些专心致志想当领导的才智之士的必需的精神食粮。艺术在本质上是高傲的。

我们的时代正在形成，在它痛苦的分娩时期，对和谐的需要显示出来了。

睁开眼来看罢：这个和谐就在那儿，它是受经济支配、受物理的必然性限制的艰苦劳动的成果。这和谐有几条道理：它绝不是心血来潮的

亚洲皇后号　加拿大太平洋公司　“建筑是体块在阳光下精湛的、正确而出色的表演。”

结果，而是合乎逻辑地建造的结果，并与周围的世界相协调。在人类劳动勇敢的转换中，大自然是在场的，因为问题困难，所以格外艰苦。机械师技术的创造物是一些有机体，它们倾向于单纯，并跟我们所赞美的自然物同样服从进化规律。和谐存在于车间或工厂的产品之中。这不是艺术品，这不是西斯廷礼拜堂，不是伊瑞克提翁庙；这是全世界的日用产品，这世界有觉悟地、聪明地、精确地、富有想象力地、大胆创新地和严格地工作着。

如果我们暂时忘记一艘远洋轮船是一个运输工具，假定我们用新的眼光观察它，我们就会觉得面对着无畏、纪律、和谐与宁静的、紧张而强烈的美的重要表现。

一个认真的建筑师（有机物的创造者）在一艘远洋轮船上将会感到解放，从几百年该死的奴役下解放出来。

他将宁愿尊敬自然的力，而不愿懒汉式地尊敬传统；宁愿尊敬从一个提得很恰当的问题中得出来的结论，一个刚刚迈了一大步的十分努力的世纪所需要的结论，而不愿尊敬一些平庸思想的低下卑劣。

乡下人住宅是小规模的古老世界的表现。远洋轮船是实现一个按新精神组织起来的世界的第一步。

II 飞机

飞机是一个高度精选的产品。

飞机给我们的教益在左右着提出问题和解决问题的逻辑之中。

住宅的问题还没有提出来。

建筑的现状已不能满足我们的需要。

然而存在着住宅的标准。

机器含有起选择作用的经济因素。

住宅是居住的机器。

存在着一种新精神：这是建设的精神，由一个清晰的观念指导着的综合的精神。

不管你怎么看它，它在当今鼓舞着人类大部分的活动。

一个伟大的时代刚刚开始。

《新精神纲领》，1920年10月第1期

有一种职业，唯一的一种，就是建筑，它没有严格意义的进步，它懒惰慵怠，人们老谈论它过去的事。

在其他所有领域里，关于未来的焦虑不安困扰着人们，从而导致问题的解决：人们如果不前进，就要垮台。

但在建筑领域，人们从来没有垮台过。这是一个有特权的职业。唉！

在现代工业中，飞机当然是最精选的产品之一。

战争是贪得无厌的顾客，永不满足，总是要求最好的东西。命令是争取胜利，错误会无情地导致死亡。我们因此可以肯定，飞机动员了发明才能、智慧和勇气：**想象力和冷静的理性**。正是这种精神建造了帕特农神庙。

我站在建筑学的立场上，处在飞机发明者的精神状态之中。

在飞机所创造的形式中并没有那么多的教益，首先要弄明白的是，不要在飞机中看出一只鸟或一只蜻蜓来，而要看到一架飞行的机器；飞机给我们的教益在左右着提出问题和导致成功地解决问题的逻辑之中。

在我们的时代，提出问题，就必然能找到它的答案。

住宅的问题还没有提出来。

在年轻的建筑师先生们中有一种陈词滥调：**必须把结构显露出来**。

他们中还有另一种陈词滥调：**当一件东西符合于一种需要时，它是美的**。

请原谅！显露结构，对一个坚持要证明自己才华的美术与工艺学生是好的。上帝充分显露了人们的手腕和脚踝，但是，还有其他东西。

当一件东西符合于一种需要时，它并不美，它只不过满足了我们精神的一个部分，初级的部分，没有它就不可能有更多的满足；让我们恢复这张程序表。

除了显露结构和满足需要外，建筑还有别的意义和别的目的（此处“需要”指的是功能、舒适、合乎实际的安排）。建筑，这是最高的艺术，它达到了柏拉图式的崇高、数学的规律、哲学的思想、由动情的协调产生的和谐之感。这才是建筑的目的。

空中快车

法芒号

让我们还是回到程序表上来。

如果我们觉得需要另外一种建筑，一种明确的、经过审核的有机体，这是因为，在目前情况下，我们还没有对数学秩序的感情，因为一些东西已经不去满足一种需要，因为建筑中已经不包含建造了。一个极端的混乱统治着：当前的建筑不解决现代的居住问题，不懂得事物的结构。它不满足最首要的条件，以致和谐、美这些高级的因素不可能出现。

当前的建筑不满足问题的必要和充分的条件。

这是因为关于建筑的问题没有提出来。在飞机身上发生过的那种为完善功能而进行的斗争在建筑中没有发生过。

伯雷里奥号　柏林空运公司　工程师海勃蒙

诚然，和平现在提出了重建（法国）北方的问题。可是，问题是：我们被彻底解除了武装，我们不懂现代化的建造技术——材料、结构体系、居住观念。工程师们正忙于造水坝、桥梁、横渡大西洋的轮船、矿山、铁路。建筑师们在睡大觉。

北方的重建近两年来没有进行。最近，在大企业里，工程师们才把住宅问题拿到手，拿到的是建造部分（材料和结构体系）*。居住观念还没有确定。

飞机向我们说明，一个提得恰当的问题会得到它的答案。希望像鸟儿一样飞，这问题就提得不好，阿德尔的蝙蝠没有离开地面。发明一个飞行机器，完全排除与纯粹的机械学无关的任何一种联想，这就是说，探讨一个升力面和一个推进器，这样提问题就恰当了：不到十年，所有的人都能飞了。

---

* 1921年。但是工程师们被冷落了。公众舆论反对他们。人们不接受他们的解决方法。应用被拖延下来了。人们跟从前一样造房子，什么也没有变。北方不愿意成为战后最了不起的新事物。

水上三翼飞机　300匹马力，乘客100名

让我们提出问题：

闭上眼睛别看现有的东西。

一所住宅：是一个防热、防冷、防雨、防贼、防冒失鬼的掩蔽体。光线和阳光接收器。一些房间用来烹饪、工作和过私密生活。

一间卧室：一个可以自由走动的面积，一张可以躺下的床，供休息和工作用的扶手椅，工作台，一些带格子的架子以便迅速把各种东西放到它的“正确位置”上去。

房间数量：一间厨房，一间餐厅。一间工作室，一间浴室和一间睡觉用的房间。

这就是住宅的标准。

那么，为什么在郊区优雅的别墅上面要有庞大而无用的坡顶呢？为什么这些出色的窗子要用小方格呢？为什么这些大住宅要有这么多锁起来的房间呢？而且，为什么要这个带镜子的衣橱，这个梳妆台，这个五屉柜？而且，这些用卷草装饰起来的书橱有什么用？这些腿上有涡卷

三翼飞机　2000匹马力，乘客30名

的桌子，这些玻璃柜，这些碗柜，这些银器柜，这些餐具柜，都有什么用？要这些大吊灯干什么？壁炉干什么？为什么要帐幔帷幕？为什么要色彩浓艳的、印着绸纹和五颜六色小图案的糊墙纸？

人们在你家里看不见亮光。你的窗子开关不灵。没有餐车里都有的那种气窗来换气。你的灯伤了我的眼。你的墙面上的仿石块的纤维灰浆和彩色纸像王室侍从一样傲慢无礼，我只好把带来送给你的毕加索的画又带回家去，因为在你室内旧货市场式的一团混乱中人们会看不到它。

而所有这些花掉了你5万法郎。

你为什么不向房东索要：

一、在卧室里要些放内衣和外套的柜子，深度一致，高度合于人体，像只可称为“新事物”的箱子。

二、在餐厅里，要有放餐具、银器、玻璃器的柜子，可以开闭，有足够的抽屉，可以在转手之间做完“清理”工作。所有这些都装在墙

空中快车　从巴黎到伦敦只需两小时

上，于是在你的桌子和椅子四周有可以走动的地方，有宽敞的感觉，使你心情平和，胃口大开。

三、在客厅里，**要有柜子放书，防止它们被灰尘弄脏，也放你收集的绘画和艺术品**，这些柜子的位置要使客厅有空出的墙面。一天晚上，报纸上的专栏使你想起了安格尔的画，就把它从画柜里抽出来，挂到墙上（如果你穷，就挂一张照片）。

你的餐具柜、你的穿衣镜柜、你的银器柜，都可以卖到一个刚刚在地图上出现的新兴国家去，那儿，恰好“**进步**”正在猖狂肆虐，人们离弃传统的住宅（连橱柜一起），为的是住进进步的“欧洲式”的住宅，里面有壁炉，墙上抹着加纤维的灰浆模仿石头。

让我们重述一遍那些基本公理：

a）**椅子是做来给人坐的**。有教堂里用的只值5法郎的草编椅子，有值1000法郎的马伯尔式扶手椅，也有莫理斯式的椅子，椅背可以分级放

蚊式飞机　法芒号

斯巴德VIII・勃雷里奥　工程师伯其诺

倒，有活动的木板可以放书、放咖啡杯，可以拉长开来搁伸直的脚，可以用摇柄把椅背放到午睡或工作的最合适的位置，有利于健康，舒服，恰到好处。你的安乐椅，你的路易十六式的椭圆形双人沙发，用锦缎垫子垫得松松软软的，它们是用来坐人的机器吗？说句知心话，你还是在你的俱乐部里、你的银行里或者你的办公室里更舒服一些。

b）**电力提供光明**。有隐蔽的灯，也有散光的和聚光的灯。我们可以像在白昼一样看东西，我们眼睛再也不出毛病。

一只100支光的灯泡重50克，但你的有铜质或木质大圆盘的吊灯有100公斤重，如此之大，竟至于塞满了房间，由于苍蝇在上面拉屎，它的清洁工作极其困难。到了晚上，它们很伤眼睛。

c）**窗子的用处是透一点光，透许多光或完全不透光，是让你们向**

空中快车　每小时200公里

外观望。卧车车厢的窗子可以密闭，可以自由开启；现代化的咖啡馆的窗子很大，可以密闭，也可以用摇柄把它降到地下去，完全敞开；餐车的窗子有软百叶，可以开开来通一点风，通许多风或者完全不通风；大块平板玻璃代替了瓶子底式的玻璃和镶嵌玻璃；有一种可以转动的百叶窗，它的叶片可以一点一点地放下来，用它们间距的变化控制光线的进入。但建筑师还是采用凡尔赛式的，贡比埃尼式的，路易第十、第X、第Y式的关不严的窗子，它们装着小块玻璃，开关困难，百叶窗在外面，如果晚上下雨，为了去拉它们，人们就要挨淋。

d）**绘画是画出来给人欣赏的**。拉斐尔、安格尔和毕加索是为了给人欣赏才画画的。如果嫌拉斐尔、安格尔和毕加索的画过于昂贵，照片复制品就很便宜。为了在一张画前欣赏它，应该把它挂在好地方，气氛

轰炸机　法芒号

空中快车　法芒号

空中快车

安静。古典绘画的真正收藏家把画放在柜子里，想看哪一幅才把那幅挂在墙上，但你的墙却像集邮册，尽是些不值钱的邮票。

e）**住宅是造起来住人的**。

——不可能！

——是的！

——你是一个空想家！

老实说，现代男士在家里烦闷得要死，他到俱乐部去。现代女士在她的小客厅之外觉得烦闷，她们去赴下午茶会。现代男士女士在家里烦闷，就出去跳舞。但低微的人们没有俱乐部，晚上聚在吊灯下，不敢在他们的家具形成的迷宫里走动，这些家具占了所有的地方，它们是他们的全部财产和他们的骄傲。

住宅的平面置人于不顾，设计得像家具仓库。这种有利于圣安东尼郊区的商业的观念是社会的祸害。它扼杀了家庭感情、家的感情；没有家了，没有家庭也没有孩子，因为太不容易一起生活了。

反酗酒协会，人口增殖协会，应该向建筑师们发出呼吁；他们应该印刷《住宅指南》，把它分发给家庭主妇们，并敦促巴黎美术学院的教授们辞职。

住宅指南

需要一间向南的浴室，家里最大的房间之一，像旧式的沙龙。一面墙全是玻璃窗，如果可能，通向一个日光浴阳台；有瓷便器、浴缸、淋浴、体育锻炼用具。

相邻房间：化妆室，你在那儿穿脱衣服。不要在卧室里脱衣服，这既不卫生又会搞得乱糟糟。化妆室里要有柜子放内衣和外套，不高于1.5米，有抽屉、挂衣处，等等。

要有一间大厅代替所有的沙龙。

在卧室里、大厅里和餐厅里要有空白墙面。用壁橱代替昂贵的、占据许多地方的、需要维修的家具。

去掉仿石的抹灰和菱形拼花门，它们意味着虚假的风格。

如果可能，把厨房放在顶楼里，以避免油烟气味。

向房东提出，为补偿仿石抹灰和糊纸墙，他要给你装上隐蔽的或散光的电灯。

要真空吸尘器。

法芒号　巴黎至布拉格6小时，到华沙9小时

提得不恰当的问题　视而不见的眼睛

要买实用的家具，绝不可买装饰性家具。请你到古老的府邸里去看大贵人们的低级趣味。

在墙上只挂少量的画，只挂好画。没有画，就买画的复制品。

把你的收藏品放在抽屉里或柜子里。要深深地尊重真正的艺术品。

留声机和钢琴使你正确地理解巴赫的赋格曲，并使你避开音乐厅、感冒、演员们的狂热。

每个房间的窗子都要有换气扇。

法芒号

法芒号

告诉你的孩子，只有光线充足、地板和墙面都干干净净的房子才能居住。为保持地板干净，你不要用独立的家具和东方地毯。

向房东要一间汽车房，也可存放自行车和摩托车。

楼上要有家务室，不要把家务室放在顶楼里。

你租的公寓要比你父母让你住惯了的小一号。要盘算：你做事、买东西、想问题都应该省钱。

结论 每个现代人心里都有一架机器。对机器的感情存在着并由日常的生活证实。这感情是，尊敬机器、感谢机器、重视机器。

机器含有起选择作用的经济因素。在对机器的感情中含有道德的感情。

聪明、冷静而镇定的人已经肋生双翼。

为了造房子，为了规划城市，我们需要聪明、冷静而镇定的人们。

III 汽车

为了完善，必须建立标准。

帕特农是精选了一个标准的结果。

建筑按标准行事。

标准是有关逻辑、分析、深入的研究的事；它们建立在一个提得很恰当的问题之上。试验决定标准。

汽车制动器　这个精确性，这个加工的光洁度，不仅仅讨好一种新产生的对机械的感情。斐底亚斯早已感到了：帕特农的建造就是证据。古埃及人在磨光他们的金字塔的时候也如此。这起源于欧几里得和毕达哥拉斯统治着他们当代人之时。

存在着一种新精神：这是建设的精神，由一个清晰的观念指导着的综合的精神。

《新精神纲领》，1920年10月第1期

为了完善，必须建立**标准**。

帕特农是精选了一个早已建立了的标准的结果。在它之前100年，希腊庙宇的所有部分都已经标准化了。

一个标准一旦建立，马上就会发生激烈的竞争。这是一场比赛，为了获胜，必须在**所有部件上**，在装配线上和零件上做得比对手好。这促进了对部件做深入的研究。于是就进步。

德拉芝汽车　1921年　如果对住宅问题或者公寓问题也像汽车底盘问题一样进行研究，我们的住宅就会很快变样、改造。如果房子也像汽车底盘一样工业化地成批生产，我们将看到意想不到的健康的、合理的形式很快出现，同时形成一种高精确度的美学。

彼斯顿　公元前600—前500年

标准就是人类劳动中所必需的秩序。

标准建立在特定的基础上，而不是随意的，它的可靠性经过论证、逻辑分析和试验。人人都有同样的身体，同样的功能。

人人都有同样的需要。

经过长期发展的社会调节决定了标准化的等级、功能和需要，生产标准化了的产品。

亨拜汽车　1907年

德拉芝汽车　1921年

帕特农神庙　公元前447—前434年

房屋是人类必需的产品。

绘画是人类为满足精神方面需要的必需产品，这种需要是由感情的标准决定的。

所有的伟大作品都以心灵的若干重要标准为基础：奥狄普斯、斐德尔、回头的浪子、圣母、保罗与圣处女、斐利蒙和包其斯、穷渔翁、马赛曲、马德隆走来斟水给我们喝……

建立一个标准，这就是穷究所有实际的和推理的可能性，演绎出一种公认的形制，适合于功能，效益最高而对投资、劳力、材料、语言、形式、色彩、声音所需最少。

汽车是一件功能很简单（转动）而目标很复杂（舒适、坚固、漂亮）的东西，它迫使大工业必须进行标准化。所有的汽车都有同样的基本布局。由于无数家汽车工厂坚持不懈的竞争，每家工厂又不得不争取在竞争中取胜，因此，就必须在达到了的实用品标准之上，在原始的实际功能之外，追求完善，追求和谐，追求一个不仅完善、和谐而且美的表现。

因而诞生了风格，这就是普遍感到的完善性的公认的成果。

希斯班诺-苏伊士牌汽车　1911年

一个标准的建立起源于根据一条合理的行为路线对合理的元素进行组织。外包的体形不是预定的，**它是结果**；乍看起来它也许很古怪。阿德尔造了一只蝙蝠，它不能飞；莱特或法曼造了升力面，它稀奇古怪使人困惑，但它飞起来了。标准确立，马上实施。

最早的汽车是照老式马车的样子制造和配上车身的。这是跟运动和快速穿透一个物体的行为方式相违反的。对穿透的规律的研究决定了标准，这标准在两个不同目标之间变化：快速，大体积放在前边（跑车）；舒适，重要的体积放在后边（轿车）。不论哪一种都跟慢慢走的老式四轮马车毫无共同之点。

文明在前进。它告别了农民时代、武士时代和祭司时代，到达了人们正确地称为文明的时代。文明是一个选择的结果。选择意味着分离、删削、清洗，把主要部分赤裸裸地、清晰地呈现出来。

从罗曼乃斯克式教堂的原始主义以来，我们达到了巴黎圣母院、残废军人院教堂和协和广场。我们的感觉纯净了、精练了，抛弃了装饰而掌握了比例和量度；我们进步了；我们从初级的满足（装饰）达到了高级的满足（数学）。

比南·斯旁汽车　1921年

帕特农　渐渐地，庙宇成形了，从构筑物变成了建筑物。再过100年，帕特农标定了上升曲线的顶点。

帕特农　每个部分都起决定作用，显示出最大限度的精确，最大限度的表现力。比例清楚明白。

如果布列塔尼式柜子在布列塔尼依然流行，那是因为在布列塔尼还住着布列塔尼人，位置僻远，生活停滞，天天打鱼养牛。上流社会的先生们，在他们巴黎的府邸里，看来是不会躺到布列塔尼式的床上去了；一位拥有轿车的先生，看来也不会在布列塔尼式床上睡觉，如此等等。我们只要心里明白并得出合乎逻辑的结论就够了。使人遗憾的是：既有轿车又有布列塔尼式床的人多得很。

每个人都满怀信心和热情地喊："轿车是我们时代风格的标志!"古董商们却还是一成不变地制造和出售布列塔尼式的床。

我们指出帕特农和汽车给大家看，目的是让大家知道，在不同的领域里有两件精选的产品，一件发展到了顶峰，另一件正在进步之中。这过于高抬了汽车。那么，好吧，就继续拿汽车来跟住宅、跟宫殿对照吧。它们到此为止，再也不往前走。此地我们还没有我们的帕特农。

住宅标准是个实际问题，建造的问题。在前面关于飞机的一节里我曾经打算把它提出来。

卢舍的计划，要在10年内造50万套住宅，无疑确定了工人住宅的标准。

家具的标准在办公室家具和旅行箱的制造商那里。在钟表匠那里，它正在加紧试验。这事情只能遵循一条路：工程师的需要。关于独一无二的东西和艺术的家具的一切大肆吹嘘的废话都是假的，都表明了一种对当今需要的可厌的无知。一把椅子没有灵魂，它是坐人的工具。

在一个文化很高的国家里，艺术在真正的、没有任何功利目的的艺术作品中找到了它的表现手段，这些是：绘画、文学、音乐。

人类的一切表现都需要一定量的兴趣，尤其在审美领域里；这兴趣是感官方面的和理智方面的。装饰跟色彩一样，是感官方面的和低级

三翼水上飞艇　显示出，满足一个提得恰当的问题，能产生出多么富有造型性的机体。

的，它使头脑简单的人，农民意识的人和野蛮人满意。和谐与比例激发智慧，吸引有教养的人。农民喜欢装饰，画壁画。文明人穿英国式套服，并拥有小幅画和书籍。

装饰是必需的多余品，是农民的一份；比例也是必需的多余品，是有教养的人的一份。

在建筑里，那份兴趣是通过房间和家具的结合与比例得到的；这是建筑师的任务。那么美呢？它是不可估量的东西，只有借助它最重要的基础的形式存在才能起作用，这些基础是：精神的理性满足（功能、经济）；然后，立方体、球、圆柱、圆锥，等等（感官的）；然后……那不可估量的东西，造成不可估量的东西的一些关系：这是天才，创造的天才，造型的天才，数学的天才，这种量度秩序和统一性的能力，按照清晰的法则组织一切使我们的视觉充分兴奋和满足的东西的能力。

各种不同的感情产生了，唤起了对一位有很高教养的人所见、所感、所爱的一切东西的回忆；它们以无情的手段掀起了已经在生活的戏

探险者号　诗并不总是要用语言或文字来写。实物写的诗更强有力。含有意义的一些东西有才能地、巧妙地安装起来，能产生一个诗意的实物。

贝朗瑞　车厢

剧中体验过的激动；自然，人和世界的戏剧。

在这科学、斗争和戏剧的时代，每个人在每个小时都受着震撼。帕特农在我们看来像一个活生生的作品，充满着铿锵之音。它的无懈可击的构件组成的整体表明，专心于一个明确地提出来的问题的人，有可能达到何等的完美无缺。这个完美是如此超出常规，以致帕特农的形象在现在只能跟我们很有限的感觉协调一致，我们出乎意料地观察到，跟那些机械的感觉协调一致，跟我们所见到过的那些巨大的给人深刻印象的作为当代活动的最完善结果的机器协调一致，那是我们的文明仅有的真正成功的产品。

斐底亚斯会喜欢生活在这个标准化的时代。他一定会肯定可能性，一项成就的确实性。他的双眼会看到我们的时代，看到我们劳动的使人信服的成果。他很快就会重复帕特农的经验。

建筑艺术根据标准办事。标准是有关逻辑、分析、深入的研究的事。它们建立在一个提得很恰当的问题之上。建筑是形式的创造者，智慧的思索，是高等数学。建筑是很严肃的艺术。

由选择强制地规定的标准是一个经济的和社会的需要。和谐是一个跟我们的世界的规律相一致的状态。美统治一切；它是人类的纯创造；它是只有精神高尚的人才需要的多余物。

但为了完善，必须建立标准。

鱼雷跑车　沃森　1921年　评定一位确实高雅的男士比评定一位确实高雅的女士要有把握，因为男士的服装已经标准化了。斐底亚斯比同时的建筑师伊克底诺和卡利克拉特更杰出，这是无可争辩的，因为当时的庙宇都一样，而帕特农远远超过其余的。

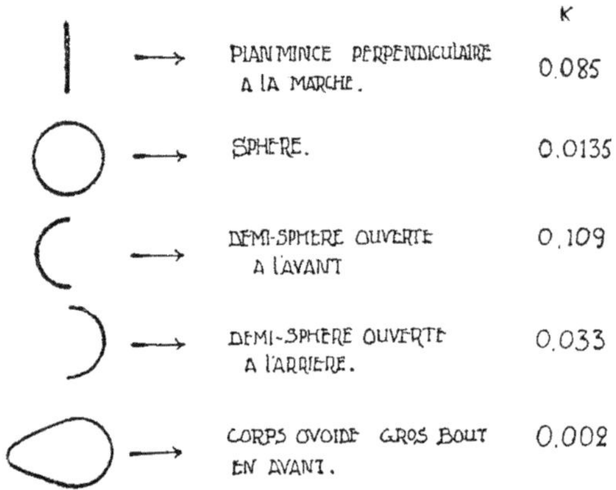

尖端向前，最有利于穿透，这是实验和计算的结果，被生物如鱼、鸟等证明。
实验性应用：飞艇、赛车

寻求一个标准

帕特农　斐底亚斯在建造帕特农的时候，不是造一个营造者的、工程师的、平面描图员的作品。所有的元素都已存在。他造了一件完美的、精神高尚的作品。

建筑

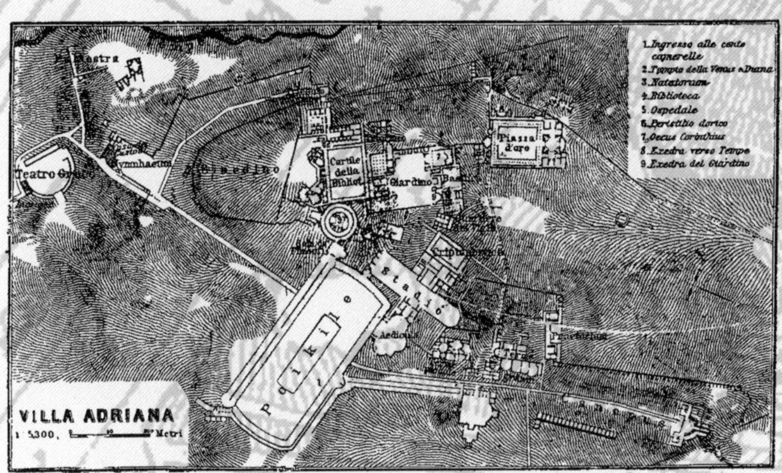

阿德良别墅　蒂伏里附近　130年

I 罗马城的教益

建筑，这就是以天然材料建立动人的协调。

建筑超乎功利性事物之上。

建筑是造型的事。

秩序的精神、意向的一致、协调感；建筑处理数量问题。

激情能用顽石编出戏剧来。

人们使用石头、木材、水泥；人们用它们造成了住宅、宫殿；这就是营建。创造性在积极活动着。

但，突然间，你打动了我的心，你对我行善，我高兴了，我说：这真美。这就是建筑。艺术就在这里。

我的房子实用。谢谢，就像谢谢铁路工程师和电话公司一样。你没有触到我的心。

但是，墙壁以使我受到感动的方式升向天空。我感受到了你的意图。你温和或粗暴，迷人或高尚，你的石头会向我说。你把我放在这个位置上，我的眼四处张望。我的眼望到了一件东西，它陈述一个思想，一个不用语言和音响，而只依靠一些互相协调的棱体来说清楚的思想。光线把这些棱体照得纤毫毕露。这些协调跟非讲究实际不可的东西和描述性的东西毫无关系。它们是你的精神的一种数学创造。它们是建筑的语言。在多多少少功利性的任务书之上，用天然材料，你超出了这任务书并建立了感动我的和谐。这就是建筑。

罗马的风光旖旎。那儿阳光明媚把什么都照得好看。罗马是个摊贩市场，出售一切。整个民族的生活中的所有的用品那儿都有，儿童玩具、战士的武器、祭司的法衣、波尔基亚产的坐浴盆和冒险家的羽毛装饰。在罗马有无数的丑。

想起希腊人，人们就觉得罗马人的趣味低劣，那些中世纪所谓的罗马人，尤里亚二世和维克多·伊曼纽尔。

古罗马在总是太窄的城圈里拥挤不堪；拥挤的城市是不美的。文艺复兴期的罗马有辉煌的爆发力，传布到全城的每个角落。维克多·伊曼纽尔的罗马，把它的现代生活收集起来，贴上标签，保存并陈列在这所博物馆的展览厅里，它在罗马市中心，卡比多山与古广场之间，造了

且斯迪乌斯金字塔　公元前12年

一座维克多·伊曼纽尔一世纪念碑（译者按：应为二世纪念碑），以证实它的罗马正统。……造了40年，最最大的什么重要东西，而且用白大理石造！

毫无疑问，罗马太拥挤了。

1 古罗马

罗马致力于征服世界并管理它。策略、给养、立法：这是秩序的精神。管理一幢大办公楼，人们要采用一些基本的、简单的、必须贯彻的原则。罗马人的秩序是一个简单的、明确的秩序。如果说它是粗暴的，那可糟透了，但或者好极了。

他们有统治和组织的强烈愿望。至于罗马建筑，无可夸耀。城墙箍得很紧，住宅一层层摞到10层高，古老的摩天楼。市中心广场想必是难看的，有点像德尔斐圣城的旧货摊。城市规划，大布局如何？没有！

大角斗场 公元80年

君士坦丁凯旋门 公元12年（译者按：应为315年）

万神庙内部　公元120年

应该去看庞贝，那里的直线方角是很动人的。他们征服了希腊，像善良的蛮族人一样，他们认为科林斯柱式比陶立克柱式美，因为更多花饰。更进一步，爱卷草叶的柱头和装饰得既没有分寸又趣味不高的檐部！但下面我们将看到一些罗马式的东西。总之，他们造了极好的车底盘，但他们设计了糟糕透顶的车身，就像路易十四的双篷四轮马车。在空地很多的罗马城外，他们造了阿德良离宫。那儿你可以体味罗马的伟大。在那儿，他们有条理。这是西方第一个巨大的有序布局。如果人们把希腊人召唤到这个量尺前面来，人们说："希腊人只不过是雕刻家而已。"但要小心，建筑不仅仅是有序布局。有序布局是建筑的基本特点之一。在阿德良离宫走一走，想一想，那个"罗马式的"现代组织力量还一无所成，一个人自感参与了这场可以原谅的碌碌无为，成了同谋犯，那有多么痛心！

万神庙　公元120年

他们没有开发荒芜地区的问题，只有装备被征服地区的问题；这都一样。那时他们发明了建造方法，他们用这方法造了许多惊人的东西，“罗马式的”。这“罗马式的”有一个意思：方法的统一，意图的有力，构件的分级。巨大的穹顶，支撑着它们的鼓座，强有力的拱，这些都用罗马天然水泥黏结，至今仍是使人赞叹不已的东西。他们是伟大的营造家。

意图的有力，构件的分级，这是一种才智气质的见证：策略，立法。建筑容易受意图的影响，**它还报**。光线抚摸着纯净的形式：**它还报**。简单的体形展开大幅的表面，它们以特征的变化显示出来，这些变化决定于它是穹顶、拱顶、圆柱、长方形的三棱柱还是方锥体。表面的装饰出自同一组几何形。万神庙、大角斗场、输水道、且斯迪乌斯金字塔、凯旋门、君士坦丁巴西利卡、卡里卡拉浴场。

没有啰唆的废话，布局有序，构思统一，结构大胆和完整，使用基本的几何体。这是品德正直。

让我们保存古罗马的砖头、天然水泥和灰华石，而把罗马大理石卖给百万富翁们。罗马人不懂得怎么使用大理石。

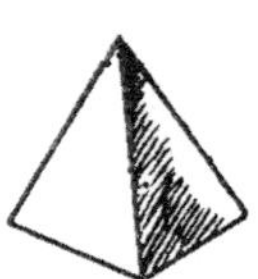
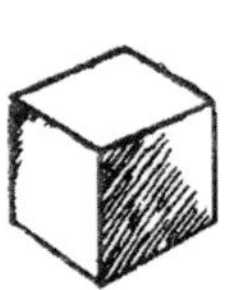

高斯梅丹·圣玛丽亚教堂内部　公元790—1120年

2 拜占庭时代的罗马

拜占庭人带来了希腊的回击。这一次，不是一个粗野无知的人在使人眼花缭乱的忍冬叶的花样前惊得发呆；希腊血统的人来造了一所高斯梅丹·圣玛丽亚教堂。这希腊离斐底亚斯已经很远，但它保存着种子，就是协调感和数学，借助数学，就有可能达到完美。这小小的圣玛丽亚教堂，穷苦人的教堂，在奢侈豪华的喧闹嘈杂的罗马，显示出数学的非凡的庄严，比例的不可击败的力量，协调的至高的雄辩性。它的形制无非是个长方厅，这就是说，人们用来造谷仓和车库的那种形式。墙上抹了一层灰泥。只有一种颜色，白色；明确有力，因为它是绝对的色彩。这所极小的教堂使你因崇敬而动弹不得。“噢！”你说，当你从圣彼得大教堂、从巴拉丁山、从大角斗场过来。艺术的肉欲论者先生们和艺术的野兽主义者先生们，他们因高斯梅丹·圣玛丽亚教堂而感到尴尬。真想不到，当伟大的文艺复兴以它的金碧辉煌的、可怕的府邸横行时，这所教堂居然能够存在！

拜占庭的希腊，精神的纯创造。建筑不仅仅是布局有序和光线照耀下的美丽的棱体。它是一件使我们愉快的东西，这便是量度。量度。分解成有韵律的、由同等的气息赋予生命的量，使统一的、精细的比例处处贯彻，平衡，**解方程**。因为，假如这种表述在谈到绘画时起捣乱作用，它却适合于建筑，建筑不关心任何形象，不关心任何涉及人的面貌的东西，建筑处理数量。这数量是建筑物脚下的一堆材料；量度它们，把它们纳入方程式，它们就构成了韵律，它们诉说数目字，它们诉说协调，它们诉说精神。

在高斯梅丹·圣玛丽亚教堂的平衡的宁静中，讲经台的台阶向上倾斜，倾斜着的还有经书架上一本石雕的经书，它像表示赞同的手势那样庄重。这两条平静的斜线，融合在一个精神机器的完美运动之中，这就是建筑的简洁而纯粹的美。

圣玛丽亚教堂正厅

圣玛丽亚教堂圣坛

3 米开朗琪罗

智慧与激情。没有没有感情的艺术，没有没有激情的感情。沉睡在矿床中的石头是冥顽不灵的，但圣彼得大教堂的圣坛演出一出戏。这是一出关于人类里程碑式作品的戏。戏-建筑 = 世界的和世界之内的人。帕特农是动人的，埃及金字塔在当年花岗石磨光而像钢铁一样闪光时，也是动人的。在原野和海上生成气流、暴风雨、和煦的微风，用砌造私人住宅墙垣的那种卵石垒起高高的阿尔卑斯山，这就达到了大合奏的协调。

有这样的人，就有这样的戏，就有这样的建筑。我们不要太过于自信地断定，人的群体决定了人的个体。每一个人都是一个特殊现象，经过一系列长长的阶段或是偶然地或是按照一个未知的宇宙脉搏才形成的。

罗马圣彼得大教堂圣坛

罗马圣彼得大教堂圣坛

圣彼得大教堂的阁楼层

圣彼得大教堂圣坛上的线脚

圣彼得大教堂现状平面图　主殿被延长如斜线所示；米开朗琪罗另有设计，但全被破坏掉了。

米开朗琪罗是近一千年的人物，就像斐底亚斯是再前一千年的人物一样。文艺复兴没有造就米开朗琪罗，它造就了一批天才的好家伙。

米开朗琪罗的作品是个**创造**，不是复兴，这是超过各古典时代的创造。圣彼得大教堂的圣坛是科林斯风格的。想一想！看看它们并想想抹大拉教堂，他见过大角斗场并把它超众的体量保持下来；卡里卡拉浴场和君士坦丁巴西利卡向他显示了限度，他以高昂的意志很恰当地超过了这限度。于是，圆厅、凹凸的墙、抹角的拐弯、穹顶的鼓座、列柱的门廊，组成了关系协调的庞大的几何体。然后，轮廓全新的基座、壁柱、檐廊重复了韵律。然后，窗子和壁龛再一次重复韵律。它的整体在建筑学字典里增添了激动人心的新内容；在16世纪之后，停下来想一会儿这个剧情的突变是有益的。

最后，圣彼得大教堂应该有一个跟高斯梅丹·圣玛丽亚教堂那样的达到不朽顶峰的内部；佛罗伦萨的美第奇礼拜堂表明，这个事先已经设计得如此之好的建筑物如果造起来能达到多么高的水平。但是愚蠢的、没有头脑的教皇们辞退了米开朗琪罗；卑鄙无耻的人们把圣彼得大教堂杀害了，里里外外；现在的圣彼得大教堂傻得像一个腰缠万贯而

米开朗琪罗设计的庇乌门

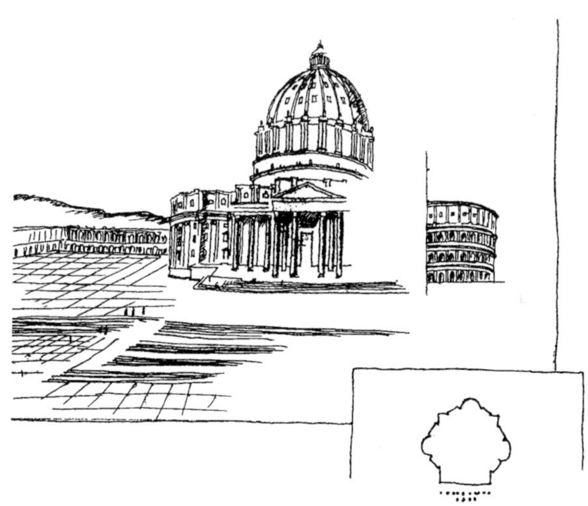

圣彼得大教堂　米开朗琪罗　1554—1564年设计方案　规模非常大。用石头造这样一个穹顶，是一件了不起的壮举，没有什么人敢冒这个险。圣彼得占地15000平方米，而巴黎圣母院为5955平方米，君士坦丁堡的圣索菲亚为6900平方米。穹顶高132米，圣坛直径150米。圣坛和女儿墙的总布局可以与大角斗场相比；高度是一样的。这方案总体统一；它把各种最美的、最丰富的元素组织在一起：门廊圆柱体、方柱体、鼓座、穹顶。线脚最富有激情，它们既强烈又感人。整个是单体地、集中地、完整地屹立起来。眼睛一下子就把它抓住。米开朗琪罗完成了圣坛和穹顶的鼓座。后来其余部分落到野蛮人的手里，一切都毁了。人类失去了智慧的伟大作品之一。如果我们设想米开朗琪罗见到了这场灾难，将会有一场骇人听闻的戏拉开帷幕。

圣彼得广场的现状　累赘而笨拙。伯尼尼的柱廊本身是美的。立面是美的，但跟穹顶没有关系。真正中心是穹顶，但它被挡住了。穹顶跟圣坛的关系极好，但被挡住了。门廊本是立体的，竟成了片状立面！

圣彼得大教堂圣坛的窗子

厚颜放荡的红衣主教，没有……一切。极大的损失。超乎寻常的热情和智慧，这是一个确实无误的证明；它悲哀地变成了“也许”“好像”“可能”“我恐怕”。痛心的失败！

因为这一章的标题是**建筑**，在这里谈谈一个人的激情是允许的。

4 罗马和我们

罗马是露天的杂货市场，画意盎然。这里有罗马文艺复兴所有的可怕东西和低级趣味。这个文艺复兴，我们用现代的趣味来审视它，我们的趣味跟它的趣味

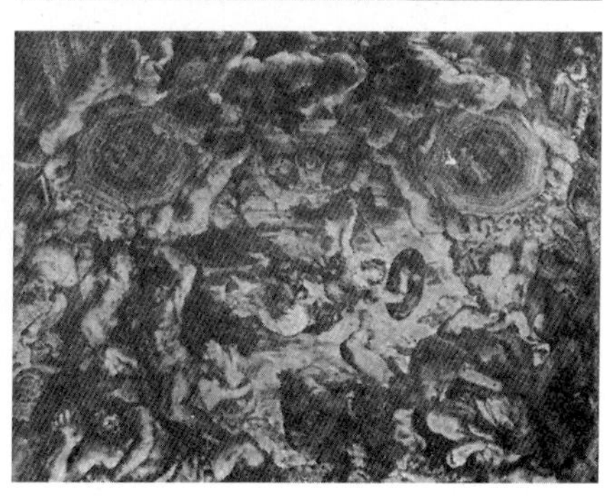

零乱的罗马

左上：文艺复兴的罗马，安琪罗城堡　　右上：现代的罗马，最高法院

左下：文艺复兴的罗马，科罗纳美术馆　　右下：文艺复兴的罗马，巴波里尼府邸

相隔四个伟大的卓有成效的世纪，17、18、19、20世纪。

我们从这努力中得到好处，我们的批评是严厉的，有经得起考验的洞察力。在米开朗琪罗之后昏睡不醒的罗马没有这四个世纪。一回到巴黎，我们又恢复了评价的能力。

罗马的教益是为那些明智之士的，他们懂得并能够欣赏，他们能够抵制，能够克制。罗马是那些知识很少的人的沉沦堕落。把建筑学的学生送到罗马去，这是谋害他们的生命。大罗马奖和美第奇别墅（译者按：法兰西艺术学院设在此别墅中）是法国建筑的癌。

Ⅱ 平面的花活

平面从内部发展到外部，外部是内部造成的。

建筑艺术的元素是光和影，墙和空间。

布局的有序性，这是把目的分级，把意图分类。

人用离地1.7米的眼睛来看建筑物。人们只能用眼睛看得见的目标来衡量，用由建筑元素证明的设计意图来衡量。如果人们用不属于建筑语言的意图来衡量，人们就会得到平面的花活。由于观念的错误或者癖好浮华，你就会违反平面的规则。

卡尔斯鲁埃总平面图

人们使用石头、木材、水泥；人们用它们造成了住宅、宫殿；这就是营建。创造性在积极活动着。

但，突然间，你打动了我的心，你对我行善，我高兴了，我说：这真美。这就是建筑。艺术就在这里。

我的房子实用。谢谢，就像谢谢铁路工程师和电话公司一样。你没有触到我的心。

但是，墙壁以使我受到感动的方式升向天空。我感受到了你的意图。你温和或粗暴，迷人或高尚，你的石头会向我说。你把我放在这个位置上，我的眼四处张望。我的眼望到了一件东西，它陈述一个思想，一个不用语言和音响，而只依靠一些互相协调的棱体来说清楚的思想。光线把这些棱体照得纤毫毕露。这些协调跟非讲究实际不可的东西和描述性的东西毫无关系。它们是你的精神的一种数学创造。它们是建筑的语言。在多多少少功利性的任务书之上，用天然材料，你超出了这任务书并建立了感动我的协调。这就是建筑。

设计一个平面，就是明确和固定某些想法。

这就是先要有些想法。

这就是把这些想法整理得有秩序，使它们成为可以理解的，可以实现的和可以传播的。所以必须表现出一个明确的意图，但事先得有想法，这才能使一个意图表现出来。一个平面几乎可以说是一个浓缩物，就像一张某种资料的分析表。它如此之浓缩，以致像一块晶体，像一幅几何图形，在这样的形式下，它包含着大量的想法和一个起带动作用的意图。

在一所伟大的公共机构里，即巴黎美术学院里，人们学习良好的平面的原理，随后几年，人们确立了教条、秘方、诀窍。一个起始有用的教学方法已经变成了危险的实践。人们从内部构思制定了一些标志给予外部，外貌。平面是一束构思和跟这些构思形成整体的意图，它变成了一张纸，那上面，黑斑代表墙，线条代表轴线，黑斑和线条组成拼花图案、装饰板片，构成大放光芒的星形图案，激发出视觉花活。最漂亮的星形图案将会得到大罗马奖。现在平面是生长元，“平面是整体的决定因素；这是一个严肃的抽象，看起来很枯燥的代数学”。这是一个战役计划。战役随后开始，这是一个伟大的时刻。这战役是空间中体形的碰撞，而军队的士气是一堆预先存在着的想法和起带动作用的意图。没有好的平面，一切都完了，一切都脆弱不耐久，一切都贫乏，即使在富丽的外表之下。

一开始，平面里就蕴含着建造程序，建筑师首先是工程师。让我们把问题缩小到建筑艺术，这个经历了久远时间的东西。仅仅限于这个观点，我从把注意力放到这个重要问题开始：平面由内部发展到外部；因为住宅和宫殿都是有机体，跟一切有生命的东西一样。我将要说到内部的建筑**要素**。然后再谈到**布局**。在考虑一座建筑物在一个地段里的效果时，我将说明，在这种情况下，**外部**也就是**内部**。以一些将用图示来

伊斯坦布尔的苏里曼耶清真寺

清楚地说明的根据，我可以阐明**平面的花活**，这个花活由于违反不可否认的真理，借助错误的观念或虚伪的结果，扼杀建筑艺术，诱骗精神上当，制造艺术的不诚实。

平面由内部发展到外部

一幢房子就像一个肥皂泡。如果内部的气分布均匀，调节得当，那么，这个泡就会很完美，很和谐。外部是内部造成的。

在小亚细亚的布鲁莎的**绿色清真寺**，人们从一个合乎人体尺度的小门进去；一个很小的门厅起尺度的过渡作用，这是很必要的——在你经历了你所从来的地点和街道的规模之后，在欣赏那人家想用来给你强烈印象的规模之前。这以后你感觉到清真寺的庞大，你的眼睛会去度量。你在一个充满了阳光的白大理石的巨大空间里。那一边还有第二个相似的一样大的空间，昏暗、高出几步台阶；在两侧，有两个更小的昏暗空间。从充足的光线之下到阴影之中，这是一个韵律。门很小而窗很大。你被抓住了，你失去了正常的尺度感。你被一个感觉的韵律（光线和体量）和一些巧妙的尺度征服，到了一个自在的世界，它对你说它坚持要对你说的东西。多少感情，多少虔诚？这些，这就是起带动作用的意图：一连串构思，这是人们使用过的方法。结论：在布鲁莎，就像在君士坦丁堡的圣索菲亚一样，像在伊斯坦布尔的苏利玛尼清真寺一样，外部产生了。

布鲁莎的绿色清真寺平面

君士坦丁堡　圣索菲亚教堂

庞贝的诺采住宅　内庭

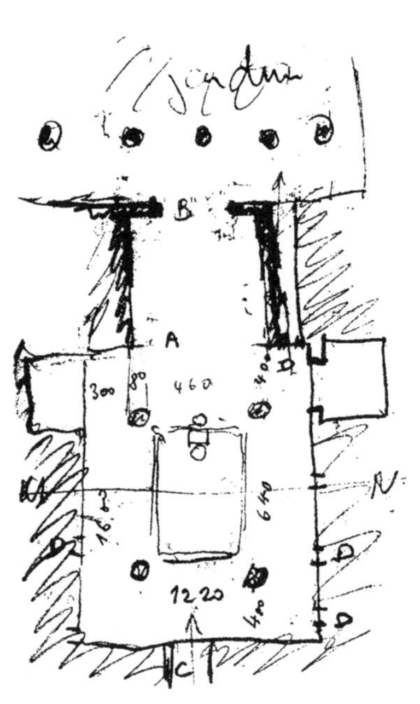

诺采住宅平面

庞贝的诺采住宅。又一次，小小的门厅使你忘记了街道。你来到了小天井，中央四棵柱子（四个**圆柱体**）一下子冲进屋顶的阴影里，这是力量的感觉和巨大财富的证明；正前方，透过柱廊，是花园的光亮。柱廊从左到右宽宽地展开，形成一个大空间。柱廊慷慨地炫耀阳光，分布它，加强它。这柱廊与小天井之间是明间堂屋，它像照相机镜头一样收缩这幅景致。右侧，左侧，两块阴影中的空间，小小的。从那条充满了意想不到的如画景色、人人都去的拥挤的街道，你走进了**一个罗马人**的家。气势威严、秩序整齐、豪华富丽，你在**一个罗马人**家里。这些房间有什么用呢？这算不上问题。20个世纪之后，没有历史的暗示，你还是感觉到了建筑艺术，而这一切其实不过是很小的一所住宅。

内部的建筑元素

人们布置直墙、平展的地面、过人或进光线的洞口，门或窗。洞是明亮的或者黑暗的，导致愉快或愁苦。墙面或是明亮放光的，或是半暗的，或是全在阴影之中，导致愉快、宁静或愁苦。你的交响乐谱出来了。建筑的目的是导致愉快和宁静。要重视墙。庞贝城的人不在墙上开洞；他们崇拜墙，热爱光线。光线在几面反光的墙之间特别强。古人造墙，那些墙延展开来，互相衔接，以致进一步扩大了墙。这样他就创造了体形，这是建筑的基础，一种可感的感觉。光线按一定的意图照到它的一端，照亮了那些墙。透过柱廊或者几棵柱子，光线把它的**效果**扩大到外面来。地面随意地到处延伸，平匀地，没有意外变化。有时，为了增强一点印象，地面升起一步。内部没有别的建筑元素：光线、大片地反光的墙和地面，地面是水平的墙。要让墙受光，这是造成内部的建筑元素。再就是要推敲比例。

阿德良离宫　罗马

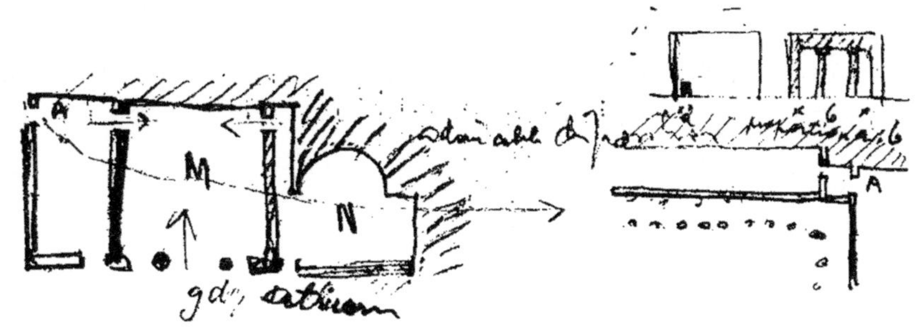

阿德良离宫　罗马

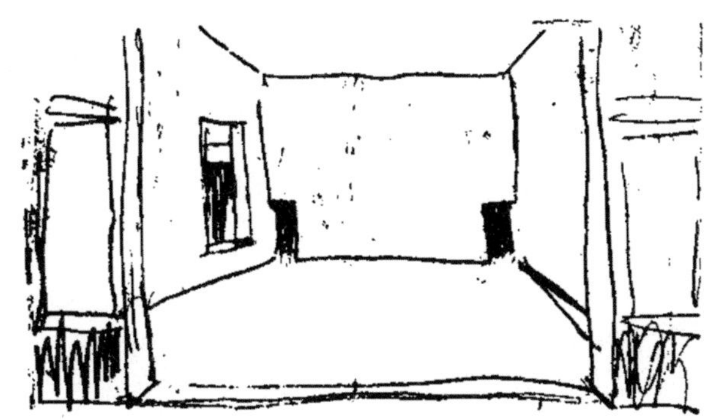

庞贝

有序布局

轴线可能是人间最早的现象；这是人类一切行为的方式。刚刚会走的孩子也倾向于按轴线走。在人生的狂风暴雨中挣扎的人也顺着一条轴线。轴线是建筑中的秩序维持者。建立秩序，这就是着手做一件作品。建筑建立在一些轴线上。巴黎美术学院讲授的轴线是建筑的灾难。轴线是一条导向目标的线。在建筑中，轴线要有一个目标。在巴黎美术学院人们忘记了这一点，那些轴线纵横交叉，形成放射结，所有的轴线都奔向无穷，奔向不确定、不可知、虚无，没有目标。学院里讲授的轴线是一剂成药的药方，一个诡计。

有序布局是把轴线分等分级，也是目标的分等分级，意图的分类。

所以建筑师要把目标赋予他的轴线。这些目标，是墙（实墙，可感的感觉）或光线、空间（可感的感觉）。

实际上，像图板上平面图所表示的轴线，只有天上的鸟儿才能看到，而人是站在地面上向前看的。眼光看得很远，镜头固定，能看到一切，甚至看到不想看的和不愿意看的。雅典卫城的轴线从彼列港直达潘特利克山，从海到山。山门垂直于轴线，远处的水平线就是海。水平线总是跟你感觉到的你所在的建筑物的朝向正交，一个正交观念在起

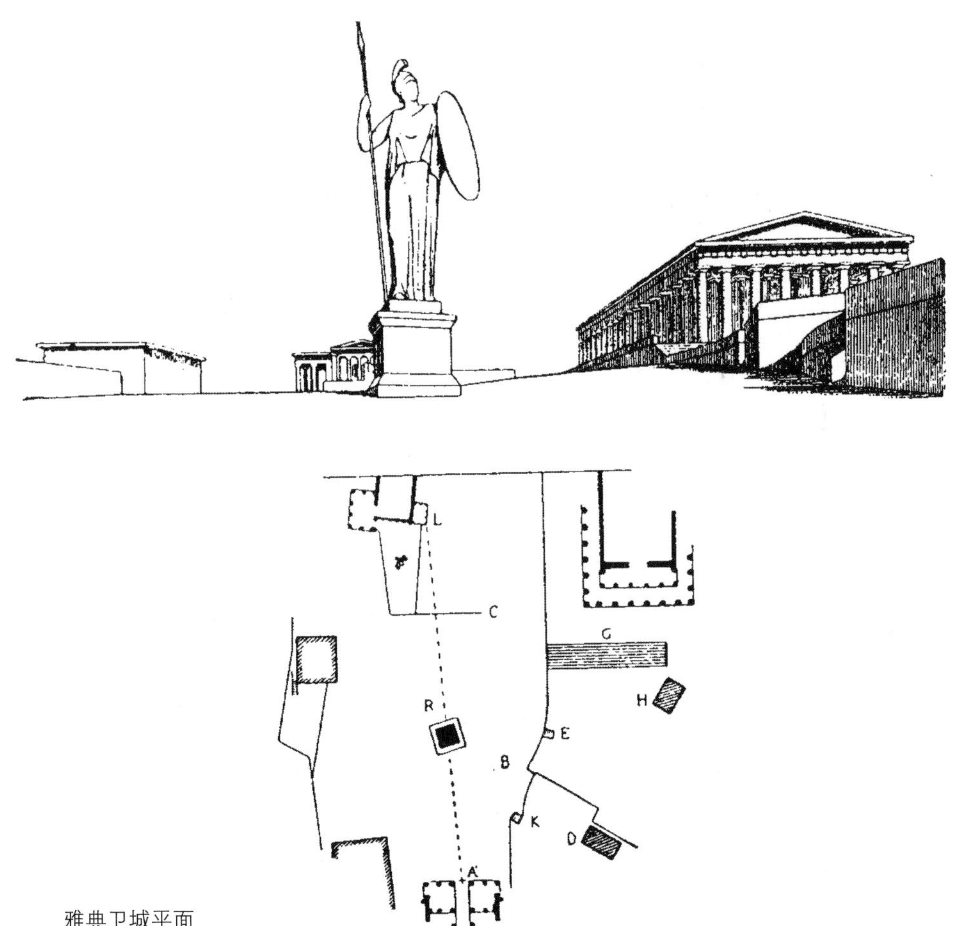

雅典卫城平面

作用。高处的建筑：卫城一直影响到远处的地平线那儿。山门在另一个方向，雅典娜的巨像在轴线上，潘特利克山是背景。因为帕特农和伊瑞克提翁不在这强有力的轴线上，一个在右，一个在左，我们才能**有机会看到它们**总面貌的四分之三。切不可把所有的建筑物全都放在轴线上，那样它们就会像抢着说话的一些人。（译者按：作者用极跳跃的语句叙述了登卫城的过程，先在山门前向西望到远处的海，然后进山门向东望到远处的潘特利克山。）

庞贝广场：有序布局是轴线所对目标的等级化，意图的分级。这广场的平面包含着许多轴线，但它绝不能得到巴黎美术学院的哪怕一个三等奖，它会被拒之门外，它不是星形的！在这个广场上漫步，望着这样的平面，是一种精神的享受。

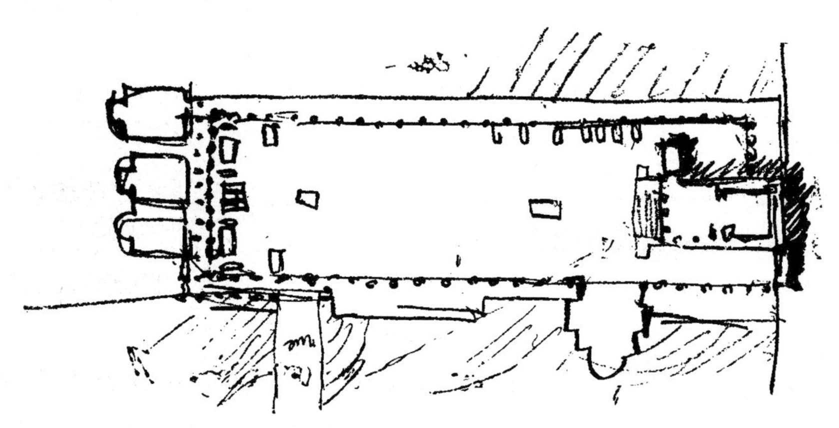

庞贝广场

在悲剧诗人的住宅里，我们见到一个很成熟的艺术的精巧之处。一切都在轴线上，但你在那儿却很难画出一条穿通的直线来。轴线存在于意图之中，它以精心的手法（走廊、主过道等等），借助视觉幻觉，把一些微不足道的东西都显示出来了。这里的轴线不是纯理论的枯燥无味的东西；它把主要的、清楚的、互相区别的物体联系起来。在你参观悲剧诗人的住宅时，你见到一切都井井有条，但感觉却十分丰富。然后你观察到精巧的摆脱轴线现象，它赋予物体以强度：地面铺装的中心图案位于房间中心的后面；入口处的井不在天井的中央；对面的水池在花园的角上。一件东西放在房间中央常会损害这房间，因为它妨碍你站在房间中央看看轴线上的场景；广场中央的纪念碑时常会损害广场和它周边的房子，——时常，但不总是如此；每个情况都有些特殊性，有它自己的道理。

序列是轴线的等级化，轴线所对目标的等级化，意图的分级。

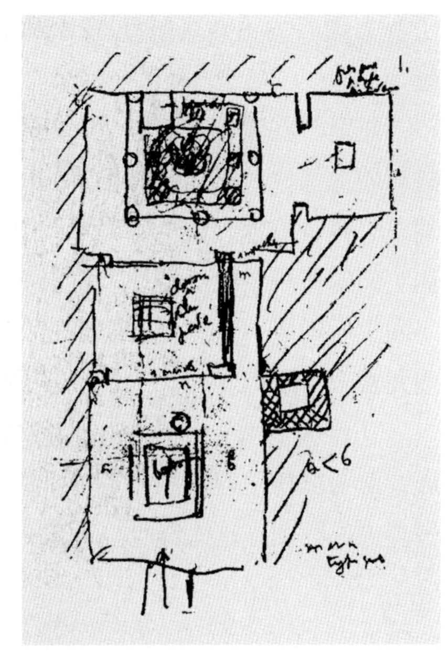

悲剧诗人住宅　庞贝

外部永远是内部

在巴黎美术学院，他们把轴线画成放射结，他们设想，一个观察者来到一座建筑物面前时，只觉察到这一座建筑物，他的眼睛正确无误地盯着它，而且仅仅盯在它的轴线所标定的重心上。事实上，人的眼睛在观察的时候总是要转动的，人也要像陀螺一样左转转右转转。他什么都看，被整个景观的重心吸引。一眼之下，问题就扩及四周环境。附近的房子，远近的山，高低的天际线，都是巨大的形体，以它们体积的力量起作用。外表的体积和实在的体积当即被理解力判断并表现出来。对体积的感觉是直接的、原始的；你的房子有10万立方米，它周围环境有几百万立方米在起作用。然后，产生了比重的感觉：一块石头、一棵树、一座小山都比较弱，它们的比重比几何形的布置要轻多了。大理石不论对眼睛还是对理智都比木头重，以下类推。处处都是分等分级。

总之，在建筑景观里，一切景色元素都是根据它们的体积、比重、材料质地等这些很确定又很不相同的感觉的载体而起作用的（木材、大理石、树、草地、蓝色的天际线、远近的海、天）。景色的各种元素像用它们的体积系数、层理、材料等的力量装扮起来的墙一样屹立，就像一间大厅的墙。墙和光，阴或光，愁苦，快活或宁静，等等。必须用这些元素来构图。

在雅典卫城上，庙宇互相斜对形成怀抱之势，一瞥之下，尽收眼底。海与额枋一起构图，等等。用一种充满了危险的丰富性的艺术的无穷资源来构图，这些资源只有在有秩序的时候才能获得美。

山门与胜利神庙

山门

在**阿德良离宫**，地面经人工处理，跟罗马平原协调一致；那些山，把构图确定下来，成为构图的基础。

在**庞贝广场**，从每一幢房子望建筑群，望那些细部，都吸引不断变化着的兴趣。

阿德良离宫　罗马

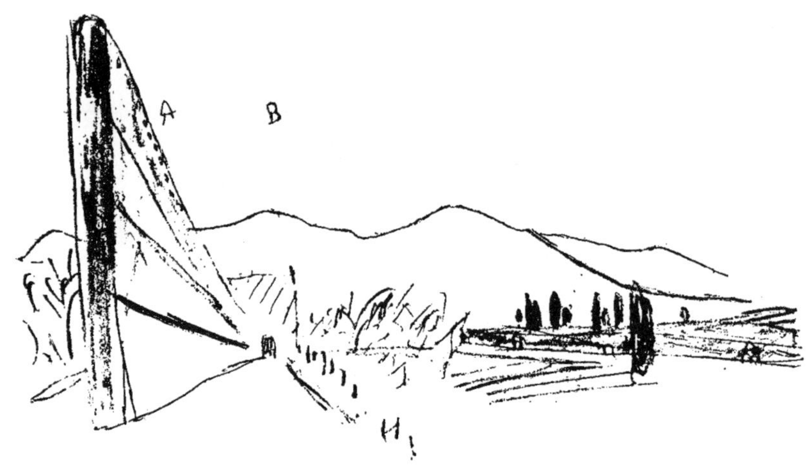

阿德良离宫　罗马

庞贝广场

犯规行为

在我将举出的例子里，建筑师没有考虑到一个平面应该由内向外活动；没有按照一个作为作品的起带动作用的意图的、以后人人都能看得出来的目标，用被唯一的、调匀的气息激活了的形体来构图。人们没有用内部的建筑元素来说话，这些元素就是表面，它们互相连接起来接受光线，并使体形突出。有人没有考虑空间，而是在纸上画放射结，画一些构成放射结的轴线。有人用一些不是建筑语言的构思来说话。有人以一个错误的观念或者一个对虚华的癖好来反抗平面的规则。

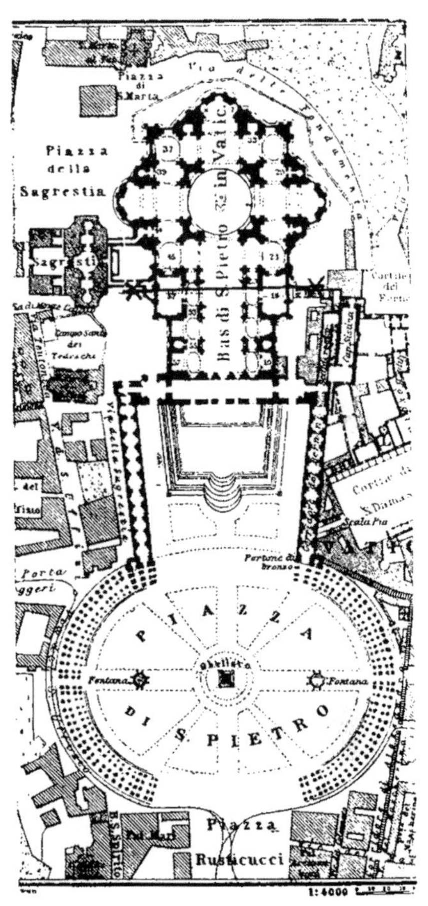

圣彼得大教堂

罗马的圣彼得大教堂：米开朗琪罗建造了一个穹顶，比到那时为止人们见到过的所有穹顶都大；穿过门廊，人们就来到巨大的穹顶之下。但教皇们在它前面加了三个开间和一个大门厅。构思被破坏了。现在，必须走完100米长的拱顶下的空间之后才到达穹顶；两个相等的体量在打架；建筑的优点失去了（粗俗虚华的装饰无法估计地加大了原有的缺点，圣彼得成了建筑师的谜）。君士坦丁堡的圣索菲亚曾以7000平方米的面积取胜，而圣彼得却有1.5万平方米。

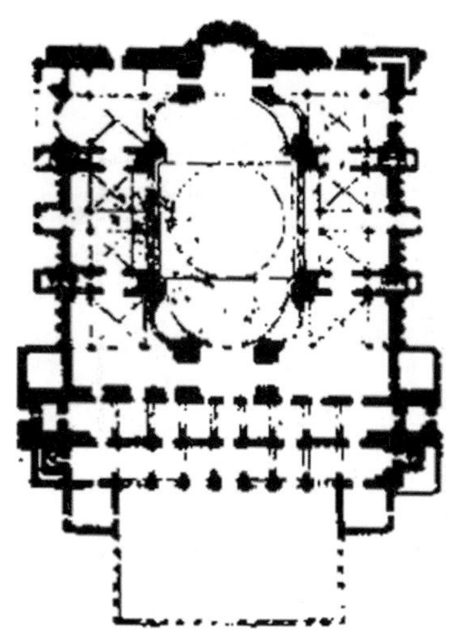

圣索菲亚教堂 君士坦丁堡

凡尔赛宫：路易十四不再是路易十三的继承人。他是**太阳王**。极大的虚夸。他的建筑师们在他的宝座脚下向他展示了鸟瞰的平面图，它们就像天体；轴线突出，散布着星星。太阳王骄傲得膨胀起来，巨大的工程完工了。但一个人只有离地1.7米的两只眼睛，它们在一个时间里只能看一处。星星们的角只能看完一个才看另一个，而在每簇树叶下的是一条直线。一条直线不是一颗星；星散了架了。继之而来的一切也都一样：大水池和绣花式花坛不能收入一个视野之中，那些建筑物我们只能看到片段，要走着才能看全。这是圈套、花活。路易十四以他自己的妄想欺骗了自己。他违背了建筑艺术的真理，因为他没有用建筑艺术的客观要素来进行工作。

一位大公爵的小儿子，一个佞臣，跟许多人一起为荣耀太阳王，规划了卡尔斯鲁埃城的平面，这是最可悲的立意错误，十足的哗众取宠。那颗星只能留在纸上，可怜的安慰。花活。关于优秀平面的花活。在城里的任何地方，你只能看到府邸的三个窗子，它们好像永远

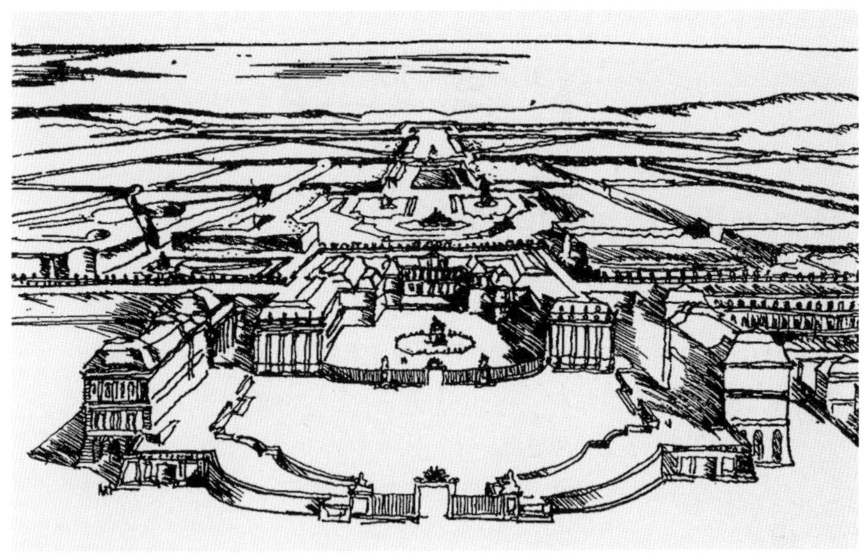

凡尔赛宫

是一个模样；地方上最微不足道的住宅也能有这样的面貌。从府邸出来你毕竟只能穿进一条街，而任何一个小镇的街道都能有这样的面貌。虚浮之极！在你画平面图的时候，绝不要忘记，是人的眼睛来看它的真实效果。

当我们从营造转变为建筑时，这是因为我们有一个崇高的意图。必须避开虚华。虚华是建筑空洞无物的原因。

Ⅲ 精神的纯创造

凹凸曲折是建筑师的试金石。他被考验出来是艺术家或者不过是工程师。

凹凸曲折不受任何约束。

它与习惯、与传统、与结构方式都没有关系，也不必适应于功能需要。

凹凸曲折是精神的纯创造：它需要造型艺术家。

帕特农

人们使用石头、木材、水泥；人们用它们造成了住宅、宫殿；这就是营建。创造性在积极活动着。

但，突然间，你打动了我的心，你对我行善，我高兴了，我说：这真美。这就是建筑。艺术就在这里。

我的房子实用。谢谢，就像谢谢铁路工程师和电话公司一样。你没有触到我的心。

但是，墙壁以使我受到感动的方式升向天空。我感受到了你的意图。你温和或粗暴、迷人或高尚，你的石头会向我说。你把我放在这个位置上，我的眼四处张望。我的眼望到了一件东西，它陈述一个思想，一个不用语言和音响，而只依靠一些互相协调的棱体来说清楚的思想。光线把这些棱体照得纤毫毕露。这些协调跟非讲究实际不可的东西和描述性的东西毫无关系。它们是你的精神的一种数学创造。它们是建筑的语言。在多多少少功利性的任务书之上，用天然材料，你超出了这任务书并建立了感动我的协调。这就是建筑。

一张漂亮的脸的出众之处，在于脸部轮廓的素质和把它们统一起来的那些关系的特殊的价值。每个人的脸都合乎典型的形式：鼻子、嘴巴、前额，等等，它们之间的比例也差不多。在这个基本形式之上长成了几百万个脸，但所有的脸都不一样：五官的特点不同，把它们联系起来的那个比例关系也不同。当脸部轮廓的塑造精致，它们的搭配显示出我们**觉得和谐**的比例时，我们说，这张脸是美的。我们觉得一种比例和谐，是因为它们在我们心底，在我们的感觉之外，激起了从振动着的共鸣板上发出来的共鸣。这是预先存在于我们内心深处的不可名状的“绝对”的痕迹。

这一块在我们心里振荡的共鸣板是我们评定和谐的标准。这块板

帕特农　人们在卫城上造了些庙宇，它们出自一个统一的思想，把荒芜的景色收拢在它们周围并把它们组织到构图里去。因而，在整整一圈地平线上，这思想是独一无二的。正因为如此，再也没有别的建筑作品具有这样的崇高性。只有当人们见解高超，完全舍弃了艺术中的偶然因素，达到了最高的精神境界——朴素时，人们才能谈论“陶立克”式。

山门　在统一中表现了造型

山门　情感产生于何处？产自一些明确的因素之间的特定关系，这些因素是：圆柱体，光洁的地面和墙面。来自跟景色中各种东西的协调，来自把它的影响扩展到构图中每一部分去的造型体系，来自从材料的一致直至线脚的一致所产生的思想的一致。

山门　情感来自意图的一致。来自坚定不移地把大理石凿得更简洁、更清晰、更经济的决心。人们舍弃、精炼，直至再也不能去掉什么，只剩下提纯了的、强有力的东西，像青铜号角那样发出清亮激越的声音。

伊瑞克提翁庙　当柔情的风吹起，爱奥尼柱式就诞生了，但帕特农统治着它们的形式，甚至直到女像柱。

帕特农　一些富有诗意的诠释说，陶立克式柱子是从拔地而起的树干得到灵感的，所以没有柱础，等等，以此来证明一切美好的艺术形式都是来自自然。这是毫无根据的，因为希腊没有主干挺直的大树，那儿只有生长不良的松树和扭曲的橄榄树。希腊人创造了一个造型体系，它直接地、强有力地启动我们的意识：柱子、柱身的凹槽，复杂而有意做得沉重的檐部，跟地面对比而又联系的阶座。他们使用了最精巧的变形，使凹凸曲折无懈可击地适合于视觉法则。

必定是那条人在它上面形成机体的轴线。人的机体与自然，或者说，与宇宙协调一致。这条形成机体的轴线，必定也是自然界一切客体或一切现象顺它排列的那条轴线。这条轴线引导我们去推测宇宙中一切行动的统一性，去承认一个太初的唯一的意志。物理规律都是由这条轴线引起来的，如果我们承认（并热爱）科学和它的成果，那就是说，它们使我们承认它们是被这个元始意志决定的。如果说数字计算的结果使我们感到满意和和谐，这是因为它们来源于这轴线。如果，根据计算，飞机的外形像一条鱼，像自然物体，这是因为它重新找到了轴线。如果独木舟、乐器、涡轮机，这些实验和计算的成果，在我们看来都像“有机的”现象，这就是说，像某种生命的载体，那是因为它们排列在轴线上。从这里可以得到一个关于和谐的可能的定义：

帕特农　必须记住，陶立克柱子不是在草地上跟阿福花一起长出来的，它是精神的纯创造。它的造型体系非常纯净，以致我们觉得它出自天然。但是，请注意，这完全是人工的作品，它给了我们一个关于深刻的和谐的充实的认识。形式已经摆脱了自然的样子，这就大大优于埃及和哥特艺术，它们被从光线和材料的性质、规律方面做了充分的研究，所以它们好像自然地上连于天，下连于地。这样创造了一个事实，对我们的理解力来说，它就跟“海”的事实和“山”的事实一样自然。人类还有什么作品曾经达到这样的程度？

跟人身上的轴线一致，从而也跟宇宙的规律一致的时刻——向普遍秩序的回归。这就解释了看见某些客体会感到满意的原因，这满意之感每时每刻归向一个实在的统一。

如果我们在帕特农前停了下来，这是因为在一瞥之下，心中的弦响了，轴线被触动了。我们不会在抹大拉教堂前停下来，它跟帕特农一样有阶座、柱子和山花（同样的基本要素），那是因为抹大拉教堂只教我们觉得粗野而不能触动我们的轴线，我们没有感受到深深的和谐，没有被这样的认识钉牢在地上。

帕特农　造型体系

自然界的物体和经过计算的产品，它们的形式都是清晰的，它们的组织毫不含糊。因为我们**看得清楚**，所以我们能够辨识和谐、理解和谐和感觉到和谐。我牢记：艺术作品必须**形式清晰**。

如果自然界的客体**有生命**，如果经过计算的产品**旋转**并做功，这是因为一个起带动作用的意图的统一性赋予它们以活力。我牢记：艺术作品中必须有一个起带动作用的统一性。

如果自然界的客体和经过计算的产品吸住了我们的注意力，引起我们的兴趣，这是因为有一个基本态度作为它们二者的性格。我坚持：艺术作品中必须有一个性格。

清晰地形成一件作品，并以统一性把它激活，给它一个基本态度，一个性格：这是精神的纯创造。

对于绘画和音乐，这些是被人接受的，但人们把建筑降低到它的功

帕特农　这是激动人心的机器，我们进入了力学的必然性里。这不是加于这些形式的象征；这些形式激起了一些明确的感觉，为了理解，并不需要一把钥匙。有点粗野，有点紧张，更加温柔，非常细腻，非常有力。是谁发现了这些因素的构图？一个天才的发明家。这些石头在潘特利克山的矿脉里是冥顽不灵的，没有形象的。为了把它们组织成整体，要的不是工程师，而是一个伟大的雕刻家。

山门　一切都表现得精确，线脚挺括、肯定，柱头上的弦线线脚、柱头顶板、额枋上的窄条等等都有良好的关系。

帕特农　连一毫米的细枝末节都起作用。柱头圆盘像炮弹一样合理。三圈弦线线脚离地15米高，但比科林斯的忍冬草篮子推敲得细。科林斯的精神状态跟陶立克的是两回事。一件精神上的事实在它们之间造成了深沟。

能起因：小客厅，浴厕，散热器，钢筋混凝土，拱顶或尖券，等等。这些是构筑，这些不是建筑。有诗的感情时才是建筑。建筑是造型性的东西。造型性，就是人们看得到并可以用眼睛量度的东西。不言而喻，如果屋顶倒塌，如果暖气不能作用，如果墙壁裂缝，建筑的愉悦将会大大地受到挫折；就跟一位先生坐在针毡上或者坐在从门缝吹来的风里听音乐一样。

几乎每个建筑时代都跟结构的探索相联系。人们常常因此得出结论：建筑，这就是结构。也许因为当时建筑师们的努力主要集中在结构问题上，但这不是混淆二者的理由。当然，建筑师应当掌握结构，至少要像思想家掌握语法一样精确。但结构远比语法困难和复杂，建筑师要在这上面花很多时间，但他们不应该停在那儿不动。

房子的平面，它的体形和它的表面部分地决定于问题的功能条件，又部分地决定于想象、造型创造。因此，在它的平面中，从而在屹立于

这是巴黎美术学院中一个出色的实物模型。学院向学生夸耀它在教学上产生的影响。

空间的一切东西之中，建筑师是个造型者；他根据他所追求的造型目的压倒了功能要求；**他作了曲**。

然后，他必须刻画**脸面轮廓**的时刻来到了。他灵活地运用光和影来说他想说的话。凹凸曲折出现了。凹凸曲折不受任何约束；它是一个彻底的创造，它使脸面光彩焕发或者使它暗淡憔悴。从凹凸曲折人们可以认出那造型者来；工程师躲开去了，雕刻家干了起来。凹凸曲折是建筑师的试金石；他用凹凸曲折把墙立起来：是不是一个造型者。建筑是一些体块在阳光下精巧的、正确的和辉煌的表演；凹凸曲折更加是，而且仅仅是一些体块在阳光下的精巧的、正确的和辉煌的表演。凹凸曲折使只讲实际的人、大胆的人、机敏的人都站不住脚了；它求助于造型艺术家。

希腊，希腊的帕特农，标志着凹凸曲折这个精神的纯创造的顶峰。

人们认定，它与习惯、与传统、与结构方式都没有关系，也不必适

帕特农　连一毫米的细枝末节都起作用。有许多线脚，根据力的情况分级。惊人的变形：方平线脚弯曲或倾斜一点，便于叫人看得更清楚。雕刻形象在半明半暗中抓住了不肯定的阴影。

帕特农　所有这些造型的力学以我们已经学会来用之于机器的那种严谨性在大理石上实现，像经过切削和磨光的钢铁。

帕特农　朴素的起伏，陶立克的性格。

帕特农　大胆的方形线脚

应于功能需要。它是纯粹的意匠，它有很强的个人色彩以致成了一个人的意匠；是斐底亚斯造了帕特农，因为帕特农的正式建筑师伊克提诺斯和卡利克拉特造过一些别的陶立克式庙，它们显得冰冷并非常淡漠。激情、宽厚、心灵的崇高，所有这些美德都镌刻在凹凸曲折的几何形上，它们是比例精确地处置过的量。是斐底亚斯造了帕特农，伟大的雕刻家斐底亚斯。

在任何地方、任何时代的建筑里都没有可以跟帕特农相比的。当一个人，被最高尚的思想激励，把这些思想结晶在光和影的造型里，这是最敏感的时刻。帕特农的凹凸曲折是毫无缺点的，是不可更改的。它的严谨超过了我们的习惯和我们正常的可能性。在它上面凝结着感觉生理学的和可能跟它有关的数学计算的最纯净的见证；我们被感觉牢牢抓住了；我们被精神陶醉了；我们触动了和谐的轴线。这丝毫不是宗教的教条，不是象征性的描绘，不是自然的形象表现：这是在精确的比例中的纯净的形式，仅仅是这个。

两千年来，凡是看到帕特农的人，都感觉到那儿有过一个建筑学的决定性的时刻。

我们面临着一个决定性的时刻。现在这个时期，艺术正在摸索，而且，例如，逐渐找到了健康的表现方式的绘画已经强烈地触动了观众。帕特农带来了坚定的信心：崇高的感情，数学的秩序。艺术就是诗：意识的情感，量度着并且欣赏着的心灵的喜悦，对触及我们内心深处的轴线原则的认识。艺术，这是精神的纯创造，它向我们显示出在一些顶峰之中的创造的顶峰，这是人可以达到的。**意识到自己在创造**，人会感到巨大的幸福。

雅典卫城遗址

帕特农　大胆的方形线脚，朴素而高尚。

帕特农　山花的壁面是光光的。檐口侧影像工程师的线条那样挺括。

成批生产的住宅

TRAVAUX PUBLICS
DUFAYEL
Automobiles Ford 33 Bd ALBERT 1er A BORDEAUX
VUE EN COUPE D'UNE
10 HP CITROËN
VUE EN COUPE
10 HP CITR

一个伟大的时代刚刚开始。

存在着一个新精神。

工业像一条流向它的目的地的大河那样波浪滔天，它给我们带来了适合于这个被新精神激励着的新时代的新工具。

经济规律强制性地支配着我们的行动，而我们的观念只有在合乎这规律时才是可行的。

住宅问题是一个时代的问题。社会的平衡决定于它。在这个革新的时期，建筑的首要任务是重新估计价值，重新估计住宅的组成部分。

批量生产是建立在分析与试验的基础上的。

大工业应当从事建造房屋，并成批地制造住宅的构件。

必须树立大批量生产的精神面貌，

建造大批量生产的住宅的精神面貌，

住进大批量生产的住宅的精神面貌，

喜爱大批量生产的住宅的精神面貌。

如果我们从感情中和思想中清除了关于住宅的固定的观念，如果我们从批判的和客观的立场看这个问题，我们就会认识到，住宅是工具，要大批地生产住宅，这种住宅从陪伴我们一生的劳动工具的美学来看，是健康的（也是合乎道德的）和美丽的。

艺术家的意识可能给这些精密而纯净的机件带来的那种活力也使它美。

一个计划刚刚确定。卢舍先生和彭乃维先生要求议会制定一项法令，宣布建造50万套廉价的住宅。这是建设史中一件极不寻常的事，要求极不寻常的方法的事。

一切需要从头做起；为实现这项巨大的计划所需要的一切都还没有。**没有这样一种精神面貌**。

建造大批量生产的住宅的精神面貌，住进大批量生产的住宅的精神面貌，喜爱大批量生产的住宅的精神面貌。

一切需要从头做起；一切都还没有。专业化还没有来到造房子这个领域。没有工厂，没有专业的技术人员。

但是，只要大批生产的精神面貌产生，一切都将在眨眼之间很快创建起来。实际上，在营造业的各个分支中，工业就像自然力那样强大，像流向目的地的一条河那样一泻千里，越来越多地把天然原料转化，生产出叫作“新材料”的东西。它们已经有了许多：水泥和石灰，型钢，陶瓷，绝缘材料，管材，小五金，防水涂料，等等。目前，这些东西乱七八糟地涌入正在施工的建筑物，毫无准备地在现场用了上去，耗费大量的劳动力，采取折中的解决办法。这是因为建造房子所需要的各项东西还没有系列化。这是因为这种精神面貌还不具备，我们没有从事对这些东西的合理研究，更不用说对施工本身的合理研究了，大量生产的精神对建筑师和住户来说是讨厌的（由于传染和偏见）。想一想罢：人们刚刚气喘吁吁地赶上了**地—方—主—义**。噢咦！最滑稽的是，是被占区的荒废把我们引向地方主义的。面对着巨大的完全重新建设的任务，人们走到玩具架前，取下牧羊神的笛子吹了起来，到各种各样的委员会去吹。最后，人们投票通过了决议案。作为例子，值得引用：对北方铁路公司施加压力，责令它在从巴黎到迪埃普的线路上造30座风格不同的车站，因为这30个快车不停的站每个都有一座小山和那么好的苹果树，它们是小站的性格，它的灵魂，等等。招灾引祸的牧羊神的笛子！

勒·柯布西耶　1915年　一组大批生产的住宅，采用“多米诺”框架　1915年，钢和水泥的价格促进了钢筋混凝土的大量使用。钢架由一家工厂交货，运到工地上已经建成的六个水平的基座上。外墙和内墙仅仅是轻质的隔断，用黏土砖、轻混凝土块填料等做成，不需要专门的技术工人。两层楼板之间的高度跟门及亮子、窗、柜子等的高度配合，所有这些的高度都服从同一个模数。跟目前的习惯相反，将来，工厂预制的木工家具会放在墙跟前，那时它们必将决定外墙和内墙的布置；外墙和内墙围绕着家具砌筑，总共只要一个工种的工人就可以造起住宅来了，这就是瓦工。只有管道待装。不远的将来，可以使用比目前所用的更完善的窗子。

勒·柯布西耶　1920年　现浇混凝土住宅　从上面浇铸混凝土就像灌水瓶一样，住宅三天造成。拆模之后它像一块铸铁。人们造了那么“悠闲”的施工方法的反；人们还不相信三天造一所住宅；要花一年时间，要造坡屋顶、老虎窗，造孟莎式屋顶下的卧室。

工业发展对营造业的第一批影响首先是：由人工材料代替自然材料；由质地纯正的、经实验鉴定的、用一定的原料生产的人工材料代替质地混杂的、不可靠的材料。必须用质地稳定的材料代替变化无穷的天然材料。

此外，经济法则也要争取它的权利；型钢和更加新的钢筋混凝土都是计算的纯粹结果，它们精确地、充分地利用材料。旧式的木梁可能隐藏着一些疖疤，说不定什么时候会出危险，而且，把木材锯成方形就会损失许多材料。

最后，在某些领域里，技术人员已经把情况说出来了。水、电的供应飞速进步；集中供暖考虑到墙和窗子的构造，结果是，石头，1米厚的墙上的天然优质石头被轻质的煤渣空心薄壁墙等等超过。一些几乎神圣的东西已经失去了地位：屋顶不必为排水而做成斜坡；厚厚的、美丽的窗洞使我们讨厌，因为它们囚禁我们并挡住了我们的光线；粗重的木料，随意加厚，结实得可以传之永久，但是不，它在暖气散热器旁边裂开了，而一块3毫米厚的胶合板却丝毫不变形，等等。

在那过去的好日子里（它还在延续，糟糕）人们看到强壮的马匹把巨大的石块拉到工地，许多人把它们从车上卸下来，把它们劈开、凿平，抬到脚手架上，手拿着尺子，花很长时间校正它们的六个面，使它们彼此相合；这样的一幢住宅要两年才能造成；现在有些房子只要几个月就能装配完成；P.O.刚刚在托尔皮亚克造了一座很大的冷藏库。运进工地的只有散粒的砂子和炉渣，像核桃那么大，墙壁薄得像一层膜，但这房子里面的荷载却很大。薄薄的墙保暖防寒，内隔断墙只有11厘米厚，尽管荷载很大。事情发生了大变化！

运输危机已经十分严重；人们明白，房屋重得可怕。如果把它的重量减掉五分之四，那将是一个现代化的精神状态。

战争使那些昏昏然的人振作起来，人们议论着泰勒制，付诸实施。企业家买来了灵巧、轻快、耐用的机器。工地会很快成为工厂吗？人们谈到一种房子，可以从上面像灌水一样用水泥砂浆灌注出来，一天就成。

渐渐地，当在工厂里制造了如此之多的大炮、飞机、卡车、火车车厢之后，人们问：难道我们不能制造住宅吗？这完全是时代的精神面貌。什么都没有，但什么都能干出来。在未来的20年里，工业将把质地稳定的材料组合起来，就像冶金工业干的那样；技术将把采暖、照明、合理的构造方式等提高到超出我们现在所知道的。施工工地再也不是松松垮垮，问题复杂化而且堆积起来；财政的机构和社会的团体以审慎的、有力的方式解决居住问题，施工工地将会很大，像行政机构那样经营和管理。城市和郊区的居住小区规模扩大而且方方正正，不是非常曲折零乱，有利于使用大批生产的构件和工业化的施工。人们可能终于不再“量体裁衣”地建设了。社会的不可避免的进步将会改变房客和房东的关系，将会修改关于住宅的观念，城市将井井有条而不是混乱无章的了。住宅不再笨重得好像要用多少个世纪，并且被阔人们用来炫耀财富；它将是一个工具，就像汽车是一个工具一样。住宅将不再是一件古董，以深深的基础重重地扎根在土地里，造得“坚固”，并且为它而建立了家庭崇拜和种族崇拜，等等。

如果我们从感情中和思想中清除了关于住宅的固定观念，如果我们批判地和客观地看这个问题，我们就会认识到，住宅是工具，人人住得起的大批生产的住宅比古老的住宅要健康（并合乎道德）不知多少倍，并且，从陪伴我们一生的劳动工具的美学来看是美丽的。

艺术家的意识可能给这些精密而纯净的机件带来的那种活力也会使它美。

但还必须建立住在大批生产的住宅里的精神面貌。

理所当然，每个人都梦想安安全全地住在自己的房子里。因为在目前情况下这是不可能的，这个梦不能实现，以致引起了真正的感情激动的歇斯底里；造自己的住宅，这有点像立自己的遗嘱。……当我将来造房子的时候，要把我的像立在门厅里，我的小狗凯蒂要有一间房间。当我有了自己的屋顶，如何如何等等。这是精神病医生的题目。一旦造这

勒·柯布西耶　1915年　“多米诺”住宅　在这里把新的施工方法应用于一所教师住宅，它的每立方米的造价跟简单的工人住宅相同。施工方法的建筑艺术潜力允许采用大面积的并富有韵律的布局，造成了真正的建筑艺术。在这儿，大批生产住宅的原则表现了它的道义上的价值：在富人住宅和穷人住宅之间有了一个确定的共同联系，富人住宅要有一点分寸。

样一所房子的时刻终于来临，这不是泥瓦匠的时刻，也不是技术员的，这是每一个人写他一生中至少要写的一首诗的时刻。于是，近40年来，我们在城市里和近郊区没有住宅，只有诗，秋天里的春天的诗，因为住宅是人生事业完美的结局……而这时刻，人已经很衰老，受风湿病和死亡的折磨……也受荒唐想法的折磨，活得很费劲。

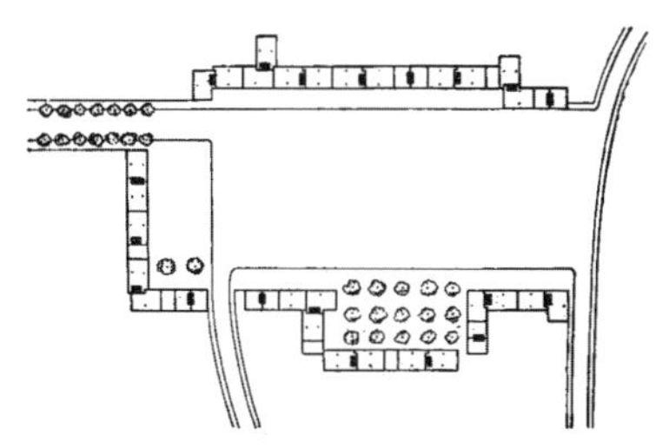

钢筋混凝土住宅方案

钢筋混凝土住宅　住宅与作坊　墙不承重；房子四周通连窗子。

勒·柯布西耶　1915年　钢筋混凝土住宅内部　大批生产的窗，大批生产的门，大批生产的壁橱。窗子由一个、两个、一打部件装配起来。一扇门有一个亮子，两扇门有两个亮子，或者两扇门没有亮子，等等。柜子上部装玻璃，下部装抽屉放书本和工具等等。所有这些东西都由大工业提供，按照共同的模数制造，互相之间精确地适应。房子的框架造成之后，这些家具等安装到适当的位置去，用小枋子暂时固定，空隙用塑料片、砖块和木片填塞：通常的造房子方法被倒转过来，省掉几个月的工期。人们得到了非常重要的建筑统一，依靠模数，得到了住宅内部的良好比例。

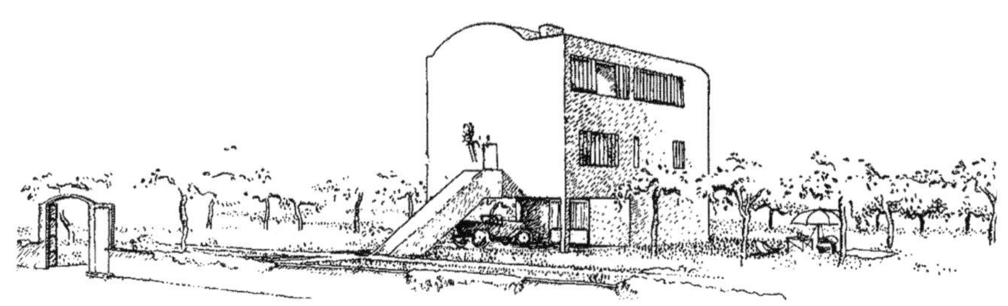

勒·柯布西耶 1922年 艺术家住宅 钢筋混凝土框架。双层墙，每层4厘米厚，用水泥喷枪喷成。直截了当地提出问题；决定一所住宅的功能类型；像火车车厢和工具一样地解决问题。

勒·柯布西耶 1922年 大量生产的工人住宅 很好的小区，同样住宅按不同方位角建造。四棵水泥柱子；水泥枪喷成的墙。审美吗？建筑虽是造型性的东西，但不是浪漫主义的。

勒·柯布西耶 1919年 糙混凝土的住宅 地基是砾石层。当地有石矿。砾石和石灰一起浇筑40厘米厚的墙；楼板是钢筋混凝土的。一种特殊的美直接从施工方法产生出来。现代工地的最佳经济效果要求只使用直线，直线是现代建筑的特点，这是好事。必须从我们头脑里驱除掉浪漫主义的蜘蛛。

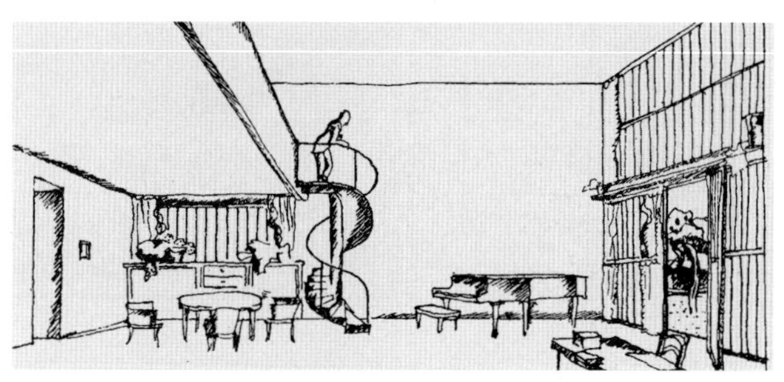

勒·柯布西耶　1921年　“西特洛罕”大量生产住宅　我在别处说过，一所住宅就像一辆汽车，要像公共汽车或者船舱一样来考虑和布置。为住宅的实际需要可以搞得很明确，并要求解决。必须反对老式的住宅，它浪费空间，必须把住宅当作一架居住的机器或者工具（实际需要和造价决定的）。一个人创立一项工业时，先购置成套的工具设备，而当他建立家庭时，却租赁一间滑稽的公寓。到现在为止，人们还把住宅做成许多互不相干的大厅的组合；这些大厅里，总有些多余的地方也总有些不足的地方。现在，幸亏人们没有足够的钱来继承这种习惯了，但由于人们不愿意按照它的实际情况（居住的机器）来考虑问题，人们不能在城市里进行建设，因而产生了灾难性的危机。用那些钱，人们还是可以造一些布置得很好的住宅的，条件当然是房客要修正他的思想；其次，他要服从需要的推动。窗子和门的尺寸都要修改；火车车厢和轿车都已向我们证明，人可以从很小的洞口出入，可以把面积计算到1平方厘米的程度；把厕所造成4平方米是犯罪。房屋的造价已经涨了4倍，必须把古老的建筑做派减掉一半，至少要减掉一半住宅的体积；这以后就是技术人员的事了；人们将要求工业的发明创造；人们将彻底改变他们的精神面貌。至于美观吗？那总是有的，只要有求美的欲望和手段，那就是比例；比例不向业主要什么，但向建筑师要。只有理智满足了，心灵才会被触动，而经过计算的东西能满足理智。住在没有坡屋顶的、墙面光得像铁皮的、窗子像工厂里的窗子那样的住宅里，没有什么可耻。相反，有一幢像打字机一样实用的住宅，可以引以为荣。

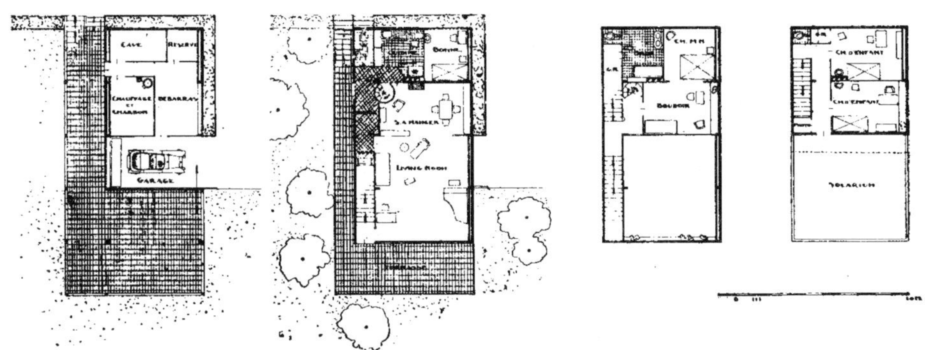

勒·柯布西耶　1921年　“西特洛罕”住宅　钢筋混凝土框架，大梁在现场制造，用手动绞车吊起归位。空心墙，壁厚3厘米，用钢板网混凝土做，中间间隙宽19厘米；楼板同一模数；密闭式窗框，可调节通风量，也用同一模数。布置适应于家务；光线充足，满足所有卫生要求，对仆人也有很好照顾。

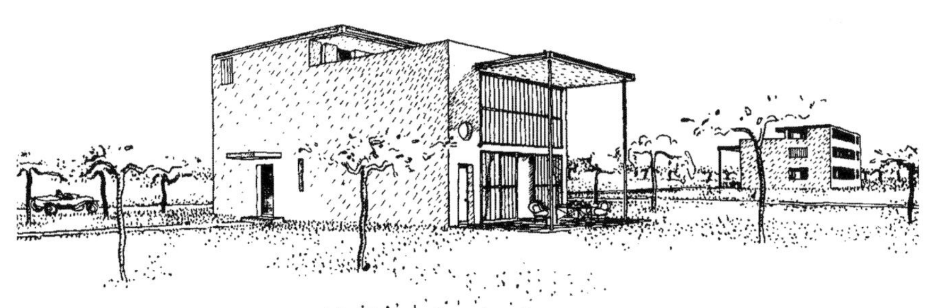

勒·柯布西耶　1922年　大量制造的别墅　钢筋混凝土框架。大起居室9.14米×4.88米；厨房，女佣室；卧室、浴室、更衣室；两间卧室和一间“日光室”。

勒·柯布西耶　1919年　“莫诺尔”式住宅　运输危机：普通住宅太重了；砖、木构件、水泥、方砖、瓦、屋架等等，形成可怕的车队，在整个法兰西滚来滚去。于是，一个工厂化生产住宅的问题就提出来了。建造的方法是，用7厘米的石棉板，1米高，中间填充粗材料，骨料、卵石等等，就地取用；稍稍用石灰浆结合一下，留下空隙，以使墙垣能隔热保温。楼板与天花板用波形石棉板做模板，上浇大约几厘米混凝土。波形板留在楼板与天花板里形成隔离层。门、窗等一切木工活计在浇筑混凝土时安装。房子只用一个工种的工人，唯一需要运输的是两层7厘米厚的石棉板。

勒·柯布西耶　“莫诺尔”式住宅　一谈到大批生产住宅，就必然要谈到小区规划。结构构件的统一是美观的保证。小区规划使建筑群得以有必要的变化，规划导致布局有序，导致建筑的多样韵律。一个规划得好的大批建设的小区给人以安静、有秩序、整洁的印象，它迫使居民遵守纪律。美国人给我们一个榜样，取消了围墙和篱笆，这只有在尊重别人的财产的风气形成之后才有可能；这种郊区看上去宽畅；因为如果围墙和篱笆拆掉了，光线和太阳就照耀一切。

勒·柯布西耶　1921年　用大量生产的构件造成的海滨别墅　钢筋混凝土柱纵横5米中距；天花用微微起拱的钢筋混凝土板。在这个很像工业建筑的框架里，平面布置很便利，用薄隔断。造价极低。在审美方面，它获得了极有重要意义的模数的统一。与比较复杂的结构相比，它的造价较低，因而建筑基地可以大一些，建筑面积也可以大一些，轻质墙和隔断随时可以重组，从而根本改变平面。

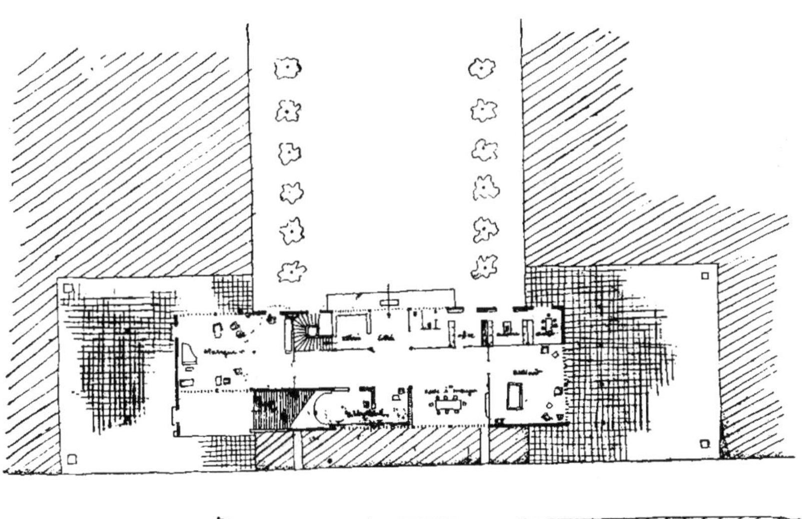

别墅平面　表明承重支柱规则地分布

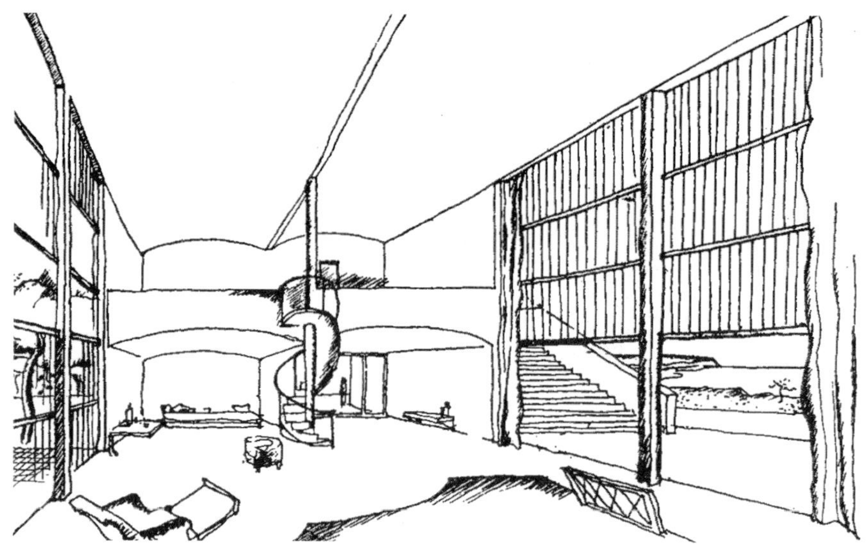

海滨别墅内景　剖面相同的混凝土柱子，浅拱天花，标准化的窗构件，虚和实形成了建筑物的建筑艺术因素。

勒·柯布西耶　“莫诺尔”式住宅内景，宜于舒适地居住　如果有文化的人知道可以大批量地建造十分完满的住宅，且比他们的市内公寓廉价，他们就会向国家铁路局施加压力，要它停止建造圣拉撒路车站附近那些行列式的可耻的东西了；他将像柏林人那样干，那才好。人们将利用广阔的郊区。大量建造的住宅将自动地解决最实际的和纯审美的问题。但这要等待铁路公司和大工业的觉醒，大量性构件要大工业才能供应。

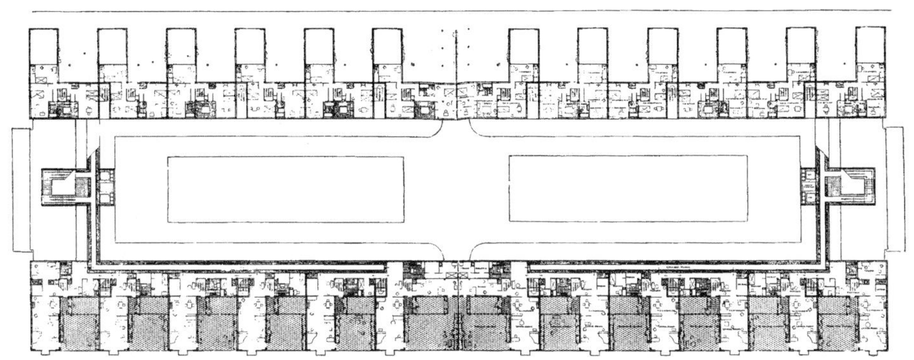

“别墅大厦” 上部：街道层平面，有大门厅，楼层有楼梯厅和主走廊 下部：每户别墅的底层，有小点子者为花园。

“别墅大厦” 立面局部 每个小花园都与相邻的截然分开

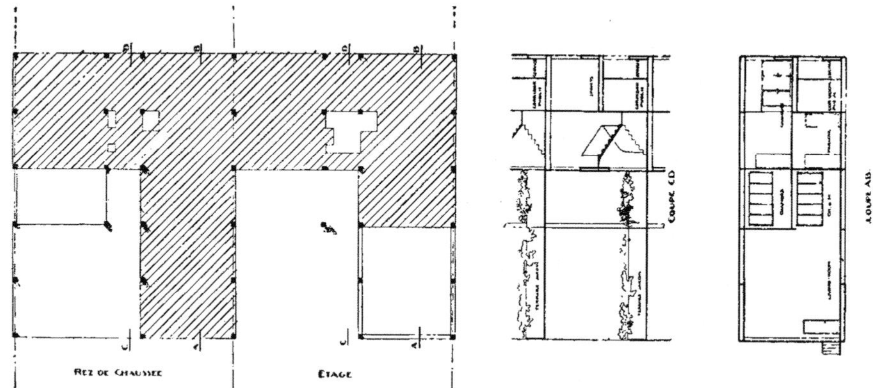

“别墅大厦” 单体放大，批量生产的柱、板式结构，空心墙。

“别墅大厦” 100所别墅集中一起 勒·柯布西耶 1922年 总说明：这是大型出租大厦。这个设计是一幢5层大楼，共有100所别墅。每所别墅都是两层的，有自己的花园。一个旅馆式的机构管理着全楼的公共服务，解决家务危机（一个刚刚开始的危机，且不可避免）。现代技术用于如此重要的事务，用机器和组织取代了人们的劳累：热水、集中供暖、冷藏、吸尘器、饮水消毒，等等。家务不再强制性地加于一户人家；在这里他们也像在工厂里一样，8小时上班，日夜有人值班。生熟食物由采购人员来做，价廉物美。一所大厨房按别墅的要求供应三餐，或者办一所公共食堂。每一所别墅有一间运动室，屋顶上有一间公共的大运动场和300米跑道。屋顶上还有一间交谊大厅随住户使用。通常住宅里那种只能住一个看门人的狭窄的门厅将被一个宽畅的大厅取代，一位仆役在那里日夜接待来客，引他们进电梯。露天大院里和地下车库的顶上是网球场。院子里、花园里的路旁，满是树木花草。每一层楼的阳台花园里都种着常青藤和花卉。“标准化”在这里显示了作用。这些别墅代表着合理与明智的经营方式，没有任何夸张，但既充分又实惠。通过租售方式的旧式很糟的房地产经营将不复存在。用不到付租金，房客有股票分享此企业；20年本利付清，利息相当于很低的房租。

“别墅大厦”的一个阳台花园

“别墅大厦”的一个餐厅　右窗外可见阳台花园

“别墅大厦”

“别墅大厦” 门厅

勒·柯布西耶和惹耐亥　1925年　分析一下分配给一座花园城市的每个居民的400平方米土地：住宅和附属建筑物50—100平方米；300平方米给草地、果园、菜园、花圃、空地，等等。为维持它们要劳民伤财；收益是几把胡萝卜，一筐梨。这里没有游戏场；儿童、青年男女都不可能玩，不可能运动。应该每天每时都可以运动，而且就在家门口运动，不是到体育场去，那里只有专业运动员和闲人才去。把问题提得更合乎逻辑一些：住宅50平方米，消遣的花园50平方米，这花园和这住宅位于地面上，也可高于地面6—10米（在称为“蜂房”的集合体里）。住宅跟前就是很大的游戏场（足球、网球等），以每户150平方米计。住宅前面（以每户150平方米计）是工业化的、集约的、产量很高的农业（渠道灌溉，农工劳动，运肥小车，运土壤和产品的车，等等）。一个农场主经营管理一个组。一些仓库储藏农产品。农业劳动者离开农村；一天工作8小时，工人可以用余下的时间当农民，生产出他自己消费的农产品的一大部分。建筑艺术？城市规划？合乎逻辑地研究细胞和它在总体中的功能，能提供一个富有成果的答案。

波尔多 “福禄社新住宅区”第一组正在建造的房子

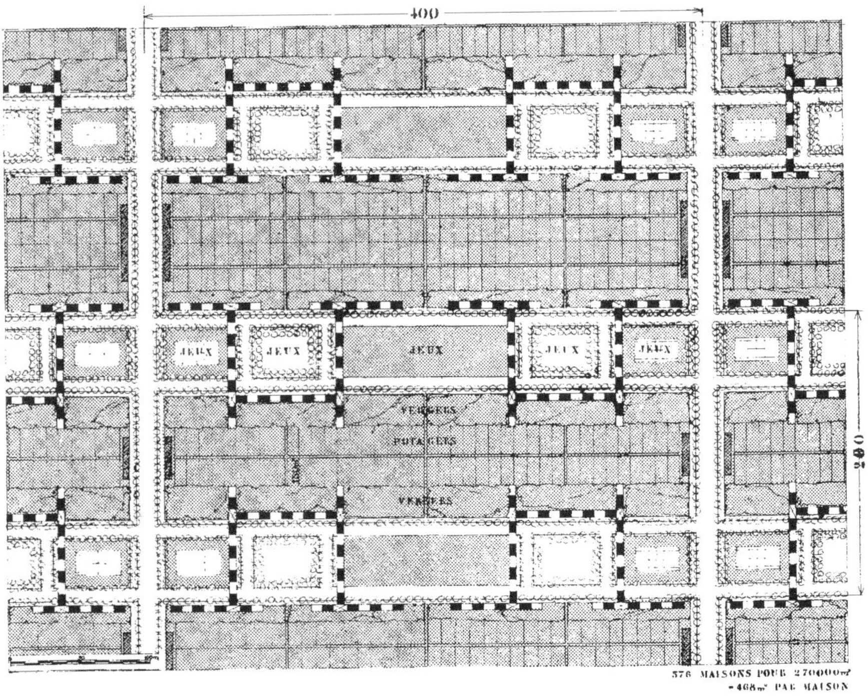

“蜂房”出租住宅 为花园城市设计

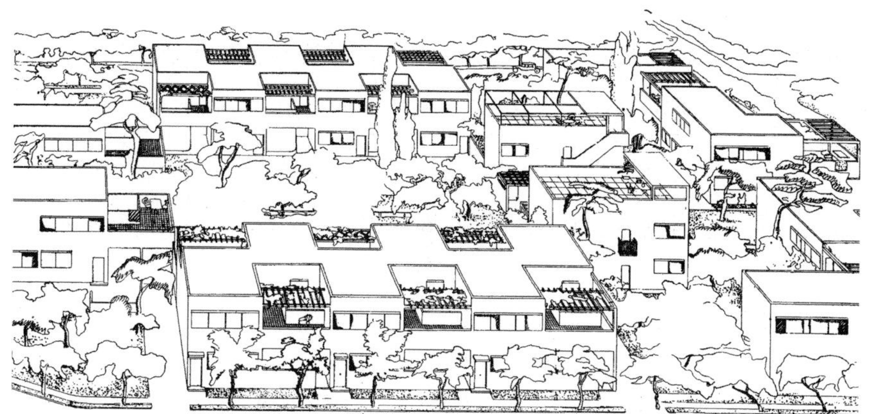

波尔多-彼萨克 “现代福胡惹小区” 大型方方正正出租住宅区的一部分，混凝土建造。整套构件仔细地确定，通过各种不同的组合可有许多变化。这是建造工地的真正工业化。

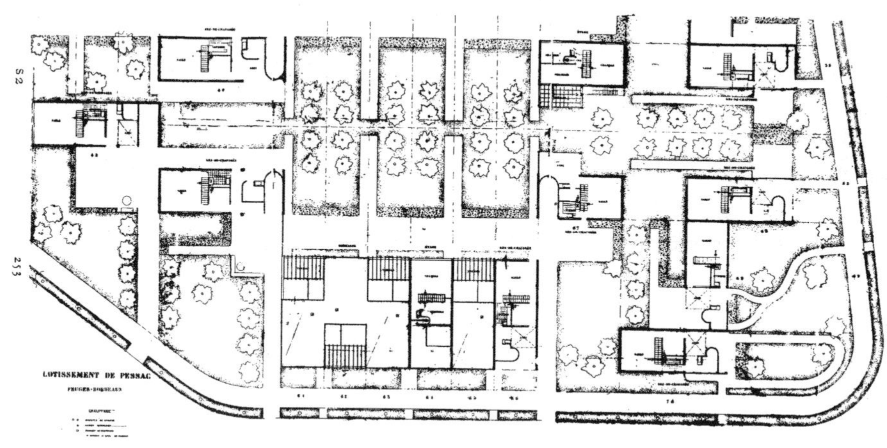

波尔多-彼萨克 本书第一版很强烈地触动了波尔多的大工业。它决心抛弃陈规旧例。一个关于工业、关于建筑的高尚思想引导这工业采取了最勇敢的创新之举。可能是破天荒第一次，在法国，由于它，建筑的问题以与时代相符合的精神解决了。经济、社会、审美：新方法的新实践。

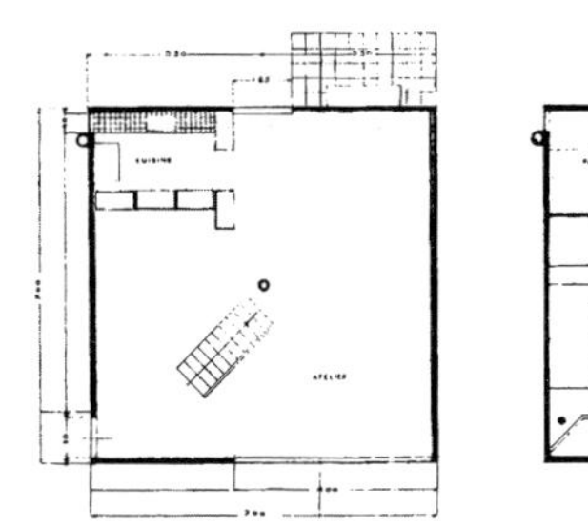
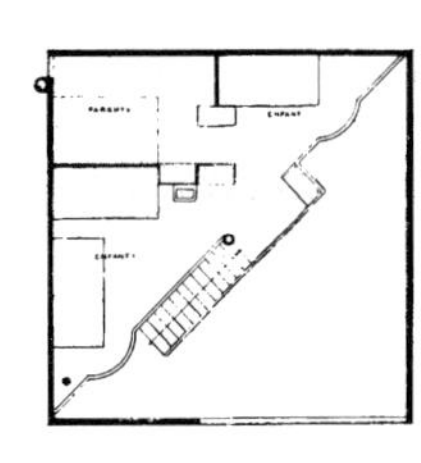
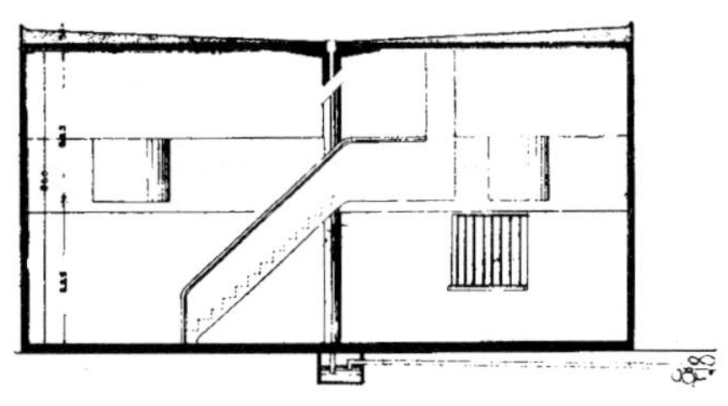

勒·柯布西耶和惹耐亥　1924年　大量生产的手工艺者住宅

手工艺者住宅　问题是：要让手工艺者住在一间很明亮的大工作间里（7米×4.5米）。为降低造价，要用建筑手法删除隔墙和门，降低卧室惯用的面积和高度，住宅只有一根钢筋混凝土的空心柱子。墙用压制草板隔热，外表用水泥喷枪喷上5厘米厚的水泥砂浆，内表面抹灰。整所住宅只有两个门。楼上是斜对角的天花完整地展开（7米×7米）；墙面也展示了它们最大的尺寸，而且，楼层的对角形式造成了一种意想不到的尺寸：这所小小的7米的住宅，叫人看到它的最主要构件有10米长。

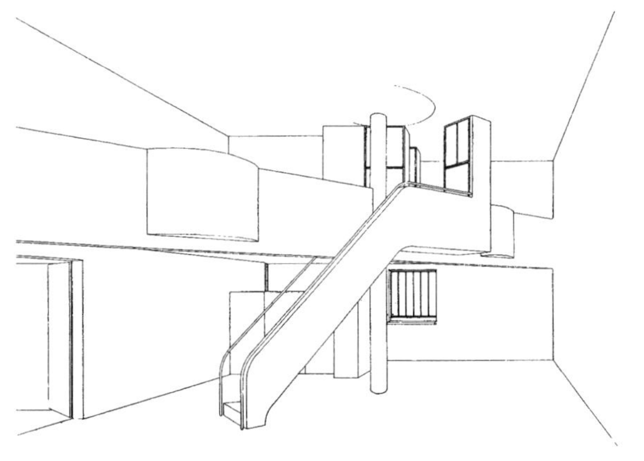

手工艺者住宅内景

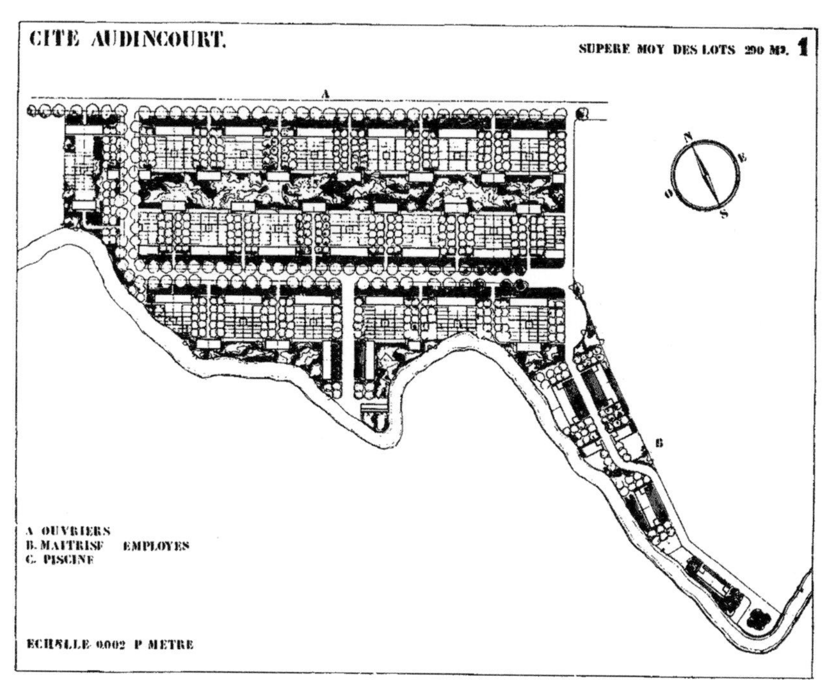

勒·柯布西耶和惹耐亥 1924年 方方正正的出租住宅群地段分划 所有的住宅均用标准构件建造。成为一种“单元式”。地段都相等；规则地排列。建筑艺术有充分的自由从容地、明确地表现出来。

上图住宅立面

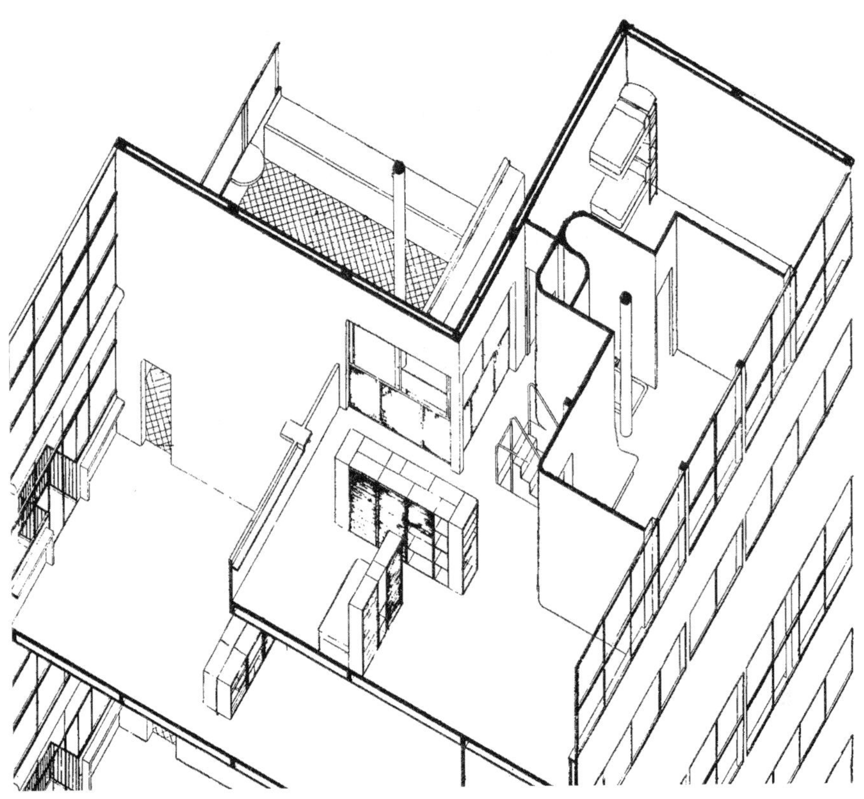

勒·柯布西耶和惹耐亥　1924年　“别墅大厦”基本单元之一　一个大量生产的方案，为了现代人：各要素都是建筑艺术的，施工是完全工业化的。

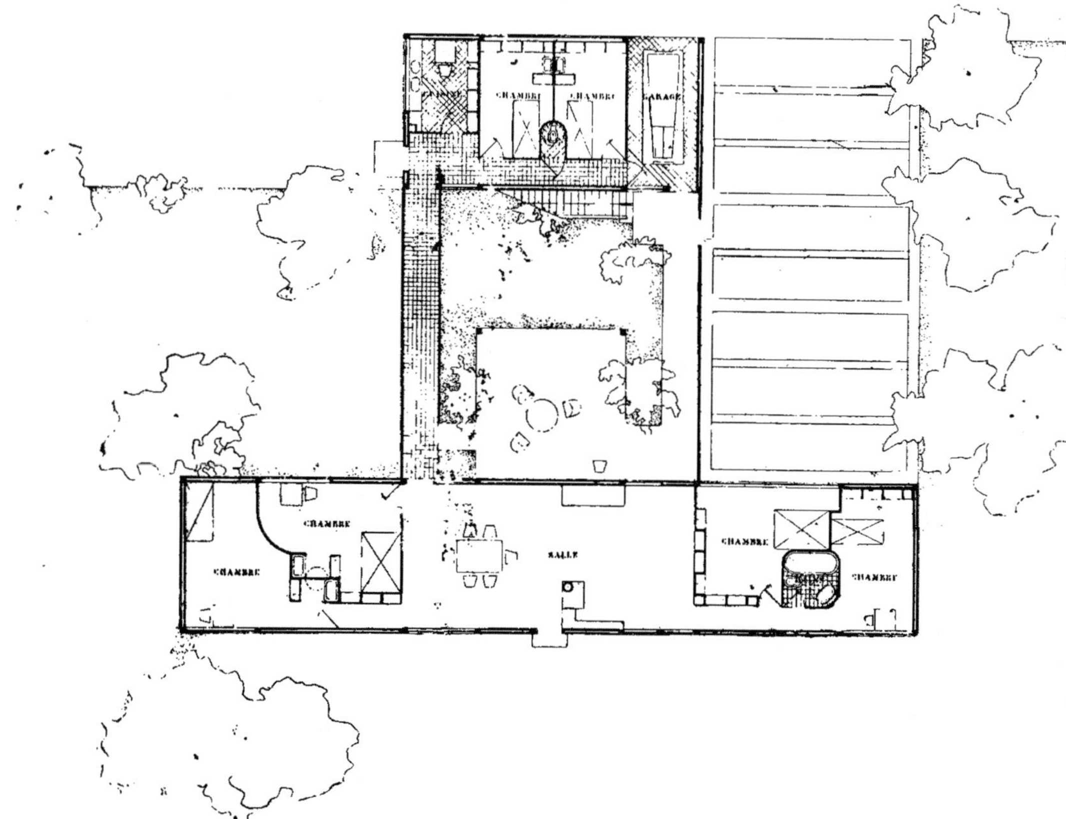

勒·柯布西耶和惹耐亥　1925年　波尔多的一座别墅　用大量生产的构件建造，与在彼萨克花园城的住宅用同样的机械。大批量生产不是建筑艺术的障碍，相反，它带来了统一和细节的完美，并使建筑整体有变化。

波尔多的一座别墅轴侧图

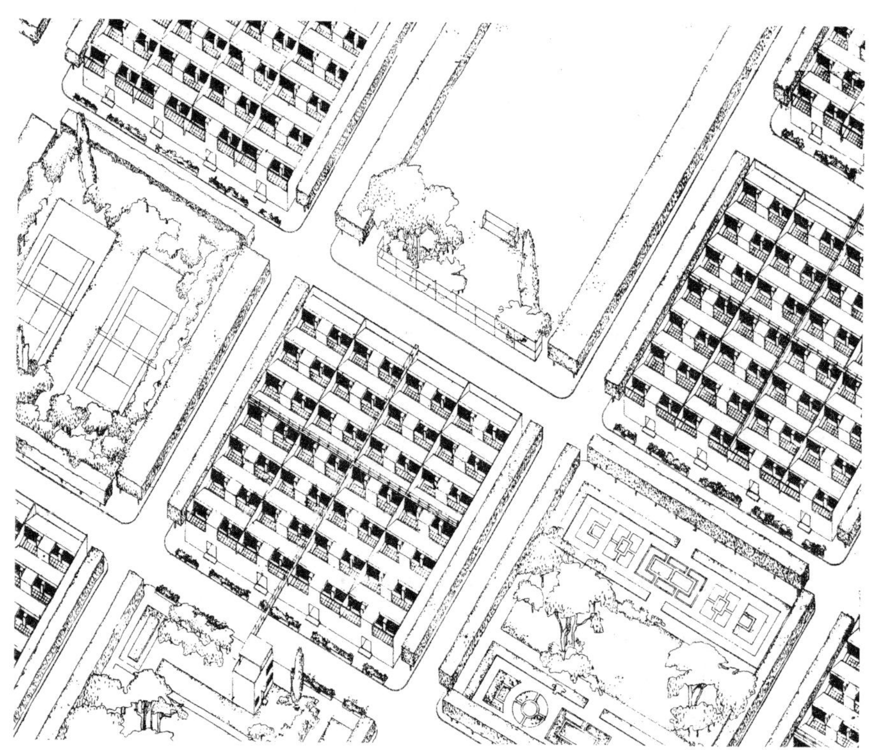

勒·柯布西耶和惹耐亥　1925年　大学城方案　人们花了很多钱给学生们造一些大学城，企图重现牛津大学古老校舍的诗意。昂贵的诗意，贵得成了灾难。学生们正当造古老的牛津大学的反的年龄；古老的牛津大学是出钱资助造大学城的人们的幻想。学生们要的是一间斗室，又明亮又暖和，有一个角落可以在那里凝望天上的星。他们希望走两步就能跟朋友们一起进行体育活动。他们的斗室要尽可能地独立。

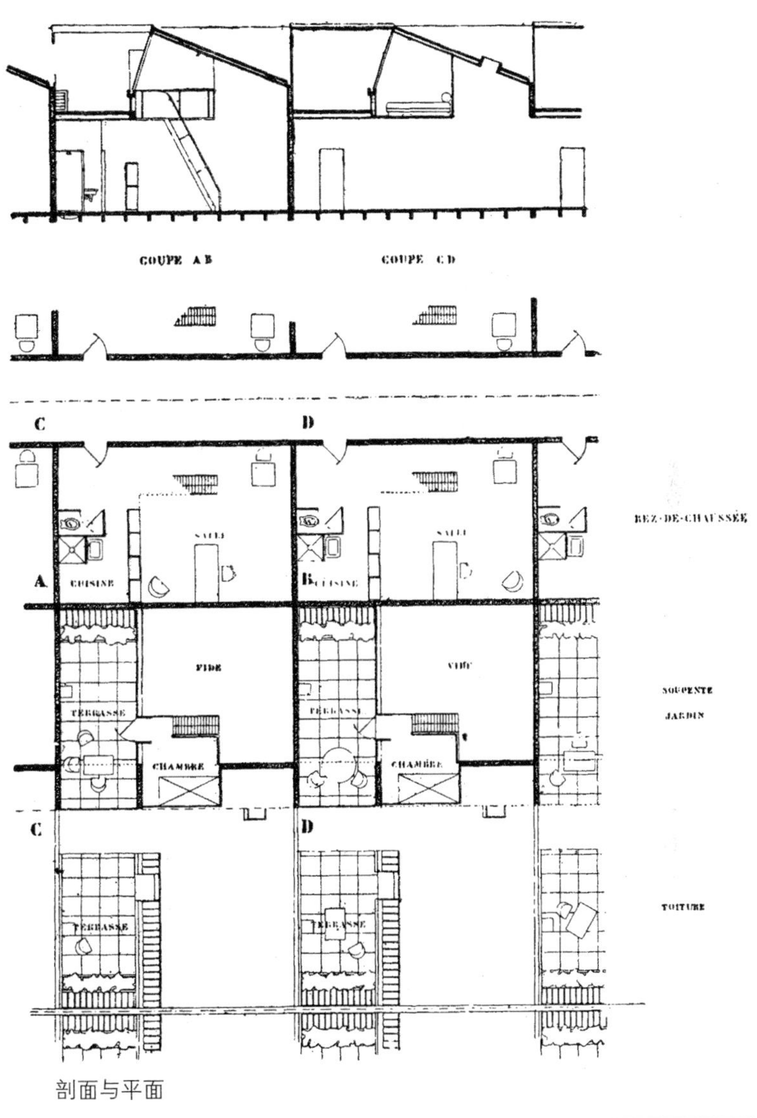

剖面与平面

剖面与平面　所有的学生都有权住同样的斗室；穷学生跟阔学生住不同的房间，那是残忍的。问题是这样提的：大学—城—旅舍；每间斗室有它的前室、厨房、浴厕、大厅、睡觉的夹楼和屋顶花园。围墙把他们分别隔离起来。他们在相邻的运动场上和公共服务楼的交谊厅里相聚。把斗室和它的各要素分类、典型化、定性化，经济高效。至于建筑艺术，只要问题清楚，总是会有的。大学城的房子用锯齿形屋顶，这种结构方式可以随意扩建，有理想的日照，且能取消（昂贵的）粗笨的承重柱子或墙墩。墙是轻质隔热隔音材料做的，只起围护作用。

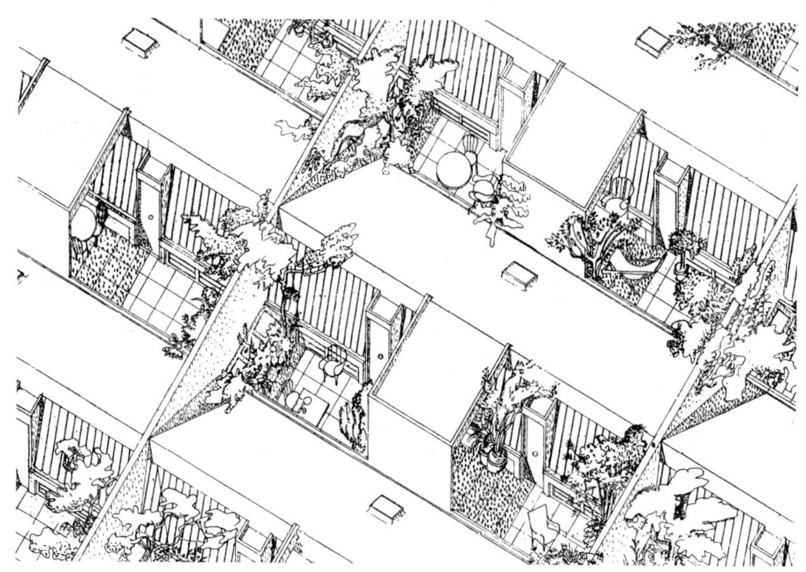

阳台花园细部

勒·柯布西耶和惹耐亥　画家工作室

新精神的问题：

我已经40岁了，为什么我不买一幢住宅；因为我需要这工具；我要买的是福特汽车那样的房子（或者雪铁龙汽车，既然我讲究打扮）。

一心一意的合作者：大工业、专业工厂。

必须争取的合作者：郊区铁路，金融机构，经过改造的巴黎美术学院。

目标：大规模生产的住宅。

联合：建筑师们和爱美者们，对住宅的永恒崇拜。

执行者：企业和真正的建筑师。

穷举证法：（1）航空俱乐部；（2）以艺术闻名的城市（总督府、利沃里大街、沃日广场、跑马场、凡尔赛宫，等等，**一批**）。因为大批生产的住宅意味着要从很广很大处着眼看建筑。因为大批生产的住宅需要对住宅的一些细部进行深入细致的研究，需要探讨标准、形制。一旦形制确立，我们就在美的大门口了（汽车、远洋轮船、火车车厢、飞机）。因为大批生产的住宅强制地要求构件统一，窗、门、施工方法、材料、**细节和总体大框架的统一**。所以在路易十四时期，在错综复杂、拥挤不堪、七拼八凑、不能住人的巴黎，一位非常聪明的神父、搞搞城市规划的劳吉埃（译者按：劳吉埃生于1713年，死于1770年，实为路易十五时人）呼吁：**细节要统一，总体要变化**（跟我们所做的相反。我们的做法是：细节发疯般地变化，而街道、城市的大框架却是可悲地千篇一律）。

结论：这是一个时代的问题。进一步说，是这个时代的问题。社会平衡归根结底是个造房子问题。我们以这个可以论证的非此即彼做结论：**建筑或者革命**。

低压风机　哈多公司，成系列的

建筑或者革命

热内维利埃发电厂　4万千瓦发电机

在工业的所有领域里，人们都提出了一些新问题，也创造了解决它们的整套工具。如果我们把这事实跟过去对照一下，这就是革命。

在房屋建造业中，人们开始大批生产构件；根据新的经济需要，人们创造了细部构件和整体构件；在细部和整体上都做出了决定性的成就。如果我们把这事实跟过去对照一下，这就是企业的方法上和规模上的革命。

过去的建筑史，经过多少个世纪，只在构造做法和装饰上缓慢地演变。近50年来，钢铁和水泥取得了成果，它们是结构的巨大力量的标志，是打破了常规惯例的一种建筑的标志。如果我们面对过去昂然挺立，我们会有把握地说，那些“风格”对我们已不复存在，一个当代的风格正在形成；这就是革命。

精神自觉地或不自觉地认识到这些事实；需要正在自觉地或不自觉地诞生出来。

社会的机构整个彻底乱了套，既可能发生一场有重大历史意义的改革，也可能发生一场灾难，它摇摆不定。一切活人的原始本能就是找一个安身之所。社会的各个勤劳的阶级不再有合适的安身之所，工人没有，知识分子也没有。

今天社会的动乱，关键是房子问题：建筑或者革命！ *

* 作者的意思是，如果建筑不走工业化的道路，工人们恶劣的居住条件会激化社会矛盾，引起革命。

在工业的所有领域里，人们都提出了一些新问题，也创造了解决它们的整套工具。我们对我们的时代跟以前各时代之间的突发断裂还认识得不够；我们承认我们这时代带来了巨大的变化，但有意义的是不仅把这时代的智力、社会、经济和工业各方面的活力跟19世纪初年以来的时代做比较，而且要跟整个文明史做比较。我们能很快意识到，人类的整套工具，作为社会需求的自动的激发者，从前只经历过演化很慢的改进，现在却一下子以出奇的速度发生了变化。人类的整套工具过去总是**掌握在人的手中**：今天，它彻底革了新并且令人生畏，它暂时逃脱了我们的掌握。人兽在他不能控制的工具面前气喘吁吁，目瞪口呆；进步在他看来既可恨又可喜；思想里一切都乱糟糟；他感觉到自己简直是一种疯狂的东西的奴隶，他没有解放的感觉、宽慰的感觉和好转的感觉。一个伟大的危机时代，首先是道德的危机。为了渡过这个危机，他必须树立一种精神面貌去理解正在发生的事情，人兽必须学会使用他的工具。当人兽穿戴上他新的盔甲，并且知道他应该做些什么努力时，他会意识到事情已经发生了变化：它们改善了。

对于过去，再讲几句话。我们这时代，跟过去的50年一起，面对着过去的10个世纪。在过去的10个世纪里，人们按照“自然的”制度安排生活秩序：他单独地从事劳动，达到期望的目标，对他的小小事业怀有全部的首创精神；他跟着太阳起床，一天黑就睡觉；他放下工具，不为手头的工作操心，也不再动脑筋想办法，到明天再说。他在他小小的铺子里做工，全家人都在身边。他像一只蜗牛生活在壳里，生活在正好按他的尺寸大小造的住所里；没有什么东西促使他改善事情的这种状态，这对他已经够和谐的了。家庭生活照常进行。父亲照顾孩子们，从他们睡在摇篮里起，直到他们在他的小铺里工作；劳动之后继之以收获，平平稳稳，就像家务事；家庭从中得到利益。只要家庭能从中得到利益，社会就是稳定的，持久的。这就是整整10个世纪的以家庭的规模组织劳动

纽约“公平大厦”

钢铁联合公司造的钢结构

的情况；可能是19世纪中叶以前一切世纪的情况。

我们今天再来看一看家庭机制。工业已经导致大批量生产产品；机器跟人密切地配合着工作，严格地为每个工作岗位挑选合适的人；粗工、技工、工长、工程师、经理、董事，每个人都有他恰当的位置；一个有董事才干的人不会长期当粗工的；一切职位都是可以得到的。专业化使人附属于他的机器；要求每个工人都无情地精确，因为工件一传送到下一道工序的工人手中就不可能再“捞回来”校正和调整；它必须精确以便保持它作为零部件的精确性，这样就可以很方便地装配进整体里去。当爸爸的不再教给儿子们他的微不足道的行业的许多秘诀；一位陌生的工长一丝不苟地控制着有限的、明确的任务的严格性。工人只做小小一件东西，接连几个月，也许几年，也许他的终生。他只在产品最后完成时才看见他的劳动成果，那时它经过了检验，光洁发亮，在工厂的院子里等候装车运出。小作坊的精神不再存在，产生了一种更集体化的精神。如果工人聪明，他懂得他劳动的目的并从中感到理所应得的自豪。当《汽车报》公布什么牌的汽车刚刚1小时开了260公里时，工人们会聚集起来，互相说："这是咱们的汽车干的。"精神因素会起作用的。

8小时工作日！工厂里三班制！工人轮流倒。一些人晚上10点上班，早晨6点下班；另外一些人下午2点就结束劳动了。立法机构在赞成8小时工作日的时候，有没有想到这些呢？从早晨6点到晚上10点，从下午2点到半夜都无所事事的人要干些什么？到现在为止，只有到酒吧间去。这种情况下，家庭怎么样？那儿会有窝接纳人兽并招待他，工人有足够的教养懂得健康地利用工余时间。但是，不，恰恰不，窝是令人厌恶的，头脑也没有为利用这些工余时间受到教育。我们因此可以正确地写道：建筑关系到道德败坏，道德败坏就要革命。

美国跑车　250匹马力，每小时263公里

纽约

我们看看别的：

当前工业了不起的活动，这是人们非常关心的，每个小时都或者直接地，或者通过报纸杂志把激动人心的新鲜事展现在我们眼前，引诱我们去追究它们的原因。它们使我们喜，使我们忧。所有这些现代生活里的事终于创造了一种明确的现代精神面貌。然后我们惊慌地回顾那些古老的破烂，那是我们的蜗牛壳，我们的住宅，每天跟它们接触都使我们感到压抑，它们是腐败的、没有用处的、没有效率的。人们到处都看到机器生产着一些令人羡慕的、干净利索的东西。我们所住的机器却是一辆破旧的马车，充满了肺结核菌。我们没有在我们工厂里、办公室里、银行里的健康、有效、成果卓著的日常活动跟我们的处处碍手碍脚的家庭生活之间造起桥梁来。它处处糟害家庭，它使人像奴隶一样附属于错乱了时代的东西，以致使他们道德堕落。

起重机

每个人的心态都是由他跟现代化事业的日常联系决定的，这心态有意无意地形成了一些愿望；这些愿望必然跟家庭有关，这是它作为社会基础的本能。今天每个人都知道，他需要阳光、温暖、新鲜空气和干净的地板；男士们知道要戴雪白的硬领，女士们喜欢细白布。人们现在感到需要智力消遣、肉体娱乐和肉欲的文化使他们在繁重的脑力和体力劳动之后的紧张能够松弛。这许多愿望实际上是许多**需要**。

然而，我们的社会机构没有做任何准备来满足它们。

另一件事：面对着现代生活现实的**知识分子**的结论可能是怎么样的呢？

我们时代工业的辉煌繁荣创造了一个特殊的知识分子阶层，人数很多，以致形成了很活跃的社会阶层。

在工厂里、在技术部门里、在研究机构里、在银行里、在大商店里、在报纸和杂志出版所里，都有工程师、行政首脑、代理人、秘书、编辑、会计，他们按要求工作，创造出使我们赞叹不已的惊人的东西来：

莱茵河上的运煤船

这些人设计桥梁、船舶、飞机，造发动机、涡轮机，这些人主管工地，这些人分配奖金并当会计，这些人从殖民地或者工厂里采购货物，这些人在报纸上发表许多关于现代化生产的光明面和阴暗面的文章，他们记录一个人在劳作时、在顽强地写作时、在危险时刻、在神经错乱胡说谵语时的发烧曲线。所有的人类物质产品都从他们的手指缝里过去。**他们观察，终于正确地做出结论。这些人眼巴巴盯着人类大商场琳琅满目的货架**，现代在他们面前闪闪发光……但却被栏杆挡在另一边。回到家里，暂时舒适一下，但酬报跟他们的工作质量完全不相称，他们重新钻进肮脏的老蜗牛壳，甚至不敢想建立一个家庭。如果他们建立了家庭，他们就开始受到长期的慢性折磨。这些人也要求有权拥有一幢居住的机器，简单而合乎人道的。

工人、知识分子被阻碍去追求对家庭生活的深刻的本能要求；他们每天使用这时代光辉的高效能工具，但他们却不能为自己而使用它们。再没有比这个更叫人沮丧，更叫人生气的了。什么都没有得到。我们可以正确地写道：建筑或者革命。

4万千瓦发电机转子　克禾索工厂

现代社会没有公正地酬劳知识分子，但它还在容忍古老的房地产所有权形式，阻碍城市和住宅的改造。古老的房地产都是遗产，它总是倾向于惰性，倾向于不变，保持**现状**。然而人类的其他行业都屈从于竞争的野蛮道德，房地产主人却在他的产业里像王侯一样逃避了普遍的规律；他统治着。在现行的房地产所有制的原则下，不可能建立一项持久的建设预算。因此人们不再建造房屋。但是，如果房地产所有权方式发生变化，它正在变化着，那么人们还是会造房子的，人们将十分热衷于建造房子，我们可能避免革命。

一个新时代只有在做了默默的事前准备工作之后才会来到。

工业已经创造了它的工具；

企业已经修正了它的习惯；

结构已经找到了它的方法；

建筑已面对着一个修改过的规范。

风机　每小时风量59000立方米

布迦蒂马达

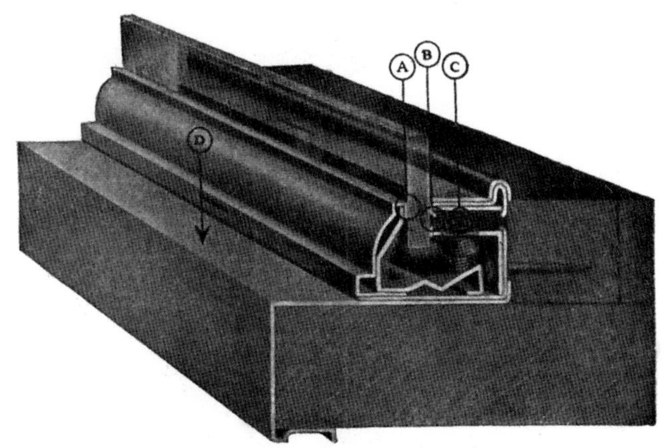

芝加哥　工业化的窗框构造大样

工业已经创造了新工具；这里的一些照片给了它们生动的证据。这样的一整套工具是用来造福于人并减轻人类的体力劳动的。如果我们把这革新跟过去相比，这就是革命。

企业已经修正了它的习惯；沉重的责任落到了它的身上：成本、时限、产品的坚固性。许多工程师占满了办公室，计算着，紧张地实践着经济法则，寻求把两个背道而驰的因素协调起来，这就是价廉和物美。智慧是每一件创举的源泉，向往着大胆的革新。企业的道德观变了；今天一家大企业是一个健康的、道德的机构。如果我们把这一新事实跟过去对照一下，这就是企业的方法上和规模上的革命。

结构找到了它的手段，这些手段本身造成了一种解放，这是以前几千年一直在追求而从来没有得到的。只要我们拥有一整套足够完善的工具，我们凭着计算和发明就能做到一切。这套工具已经有了。混凝土和钢铁完全改变了至今所知的结构形式，这些材料在理论和计算上的精确性每天都在产生鼓舞人心的结果。首先是成功，随后，是它们的外貌，它使人们想起自然的现象，它经常重新发现自然中的经验。跟过去相对照，我们会看出，一些新的方法已经被找到了，只等我们去利用它们。如果我们懂得跟常规惯例决裂，它们就会把我们从一直逼迫着我们忍受

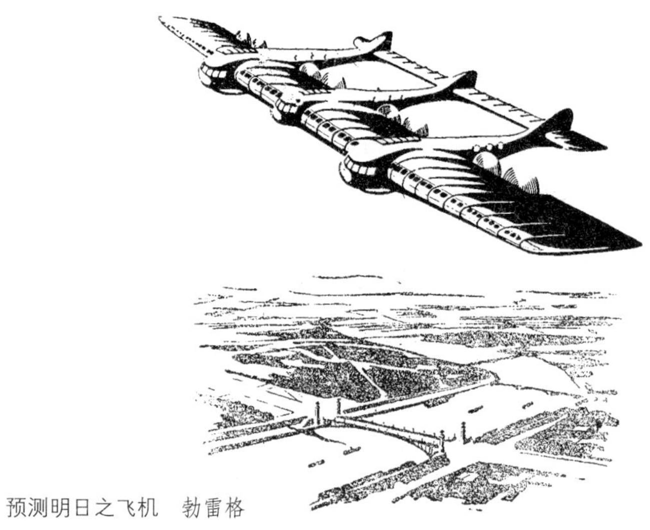

预测明日之飞机　勃雷格

工厂　李木森与法西耐

李木森与法西耐的设计与施工　80米跨度，50米高，300米长。而巴黎圣母院的主殿跨度为12米，高35米。

的束缚下真正解放出来。这就是结构方式中的革命。

建筑面对着一个修改了的规则章法。结构的革新已经使缠住我们不放的古老的风格再也不能笼盖它们了；现在使用着的材料也在逃避装饰家的摆布。有了结构方式提供的形式上和韵律上的新事物，有了有序布局中的新事物和城乡的新工业纲领；它们终于使我们理解了建筑艺术的深刻而又真实的规律。这些规律建立在体形、韵律和比例之上。那些风格不再存在，那些风格跟我们不相干。如果它们还来纠缠我们，那就像寄生生物。如果我们跟过去对照，我们会确认，由过去四千年的条例和章程积累而成的古老的建筑规则已经引不起我们的兴趣了。它们与我们没有关系；价值已经重新评估；建筑观念中已经发生了革命。

李木森与法西耐　奥利飞船库　80米跨度，56米高，300米长

现在的人受各方面来的反应的作用，感到烦忧不安。他感觉到，一方面，一个世界正有规则地、合乎逻辑地、明确地形成，

在图灵的菲亚特汽车厂　屋顶上有试验跑道

它生产出非常简洁的有用的和可用的东西，另一方面，他在一个古老的、怀有敌意的框框里，困惑不解。这框框就是他的安身之处；他的城市、他的街道、他的住宅、他的不能再用的公寓，都起来反对他，阻止他在休息的时候追求他在工作中走过的那一条精神道路，阻止他在休息的时候追求他的存在的有机发展，这就是建立一个家庭，像地球上一切动物那样，像一切时代所有的人那样，过一种有组织的家庭生活。这样，社会正在促使家庭解体，但它恐慌地意识到，它将因此而垮台。

在我们非听从不可的现代精神面貌与使人窒息的有几百年之久的垃圾堆之间，有一个严重的不协调存在着。

这是一个适应问题，它牵涉到我们生活中的全部客观事物。

社会强烈地希望一件东西，它可能得到，可能得不到。全都在这里；一切决定于我们将做的努力和我们将给予这些令人不安的症状的注意。

建筑或者革命。

我们可以避免革命。

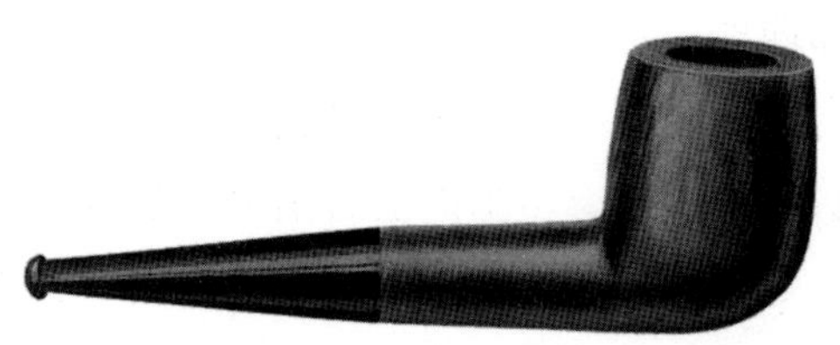

烟斗

译后记

从古代希腊、罗马以来，欧洲建筑师著书立说的不算非常少，尤其是文艺复兴以后这几百年里。不过，读了维特鲁威的《建筑十书》之后，曾经沧海难为水，其他的著作就没有多大味道了。只有法国神父劳吉埃，在18世纪启蒙运动高潮里，写了一些有新意的话，可惜借的是“返回自然去”那一股风，托古立论，也只能在建筑历史的长河中冒几朵水花而已。

两千年过去，从19世纪下半叶起，出现了一些全新的建筑思想，一场建筑理论的大革命开始酝酿了。到20世纪20年代初，石头缝里迸出了一个孙猴子，柯布西耶出版了《走向新建筑》，造了玉皇大帝的反。

这本书1923年初版，不到一年出了经过修订增补的第二版。到1927年埃切尔斯把它译成英文时，所据的已经是第十三版了。这位英译者在序里说：“当代的人，读了这本书，会觉得像做了一场噩梦。……我们用不着大惊小怪。一切构成我们现代文明的发明创造，都曾经引起同样的恐慌。”

这是一本奇书，六十多年过去了，现在我们有一些人面对这本书，还是会感到恐慌的。因为它把几千年来的建筑价值观颠倒过来了，来了个大翻个儿。而我们有些人，还沉醉在古老的酣梦里。

柯布西耶在《走向新建筑》的“第二版序言”里写下了这么几句话：

建筑成了时代的镜子。

现代的建筑关心住宅，为普通而平常的人关心普通而平常的住宅。它任凭宫殿倒塌。这是时代的一个标志。

为普通人，“所有的人”，研究住宅，这就是恢复人道的基础，人的尺度，需要的标准、功能的标准、情感的标准。就是这些！这是最重要的，这就是一切。这是个高尚的时代，人们抛弃了豪华壮丽。

整本书的精髓就是它，它使这本书成了划时代的著作。

建筑是一个大系统。它包含许多层次，从纪念碑、陵墓、宫殿、庙宇一直到平民住宅，甚至牛棚、鸡舍。在每个层次里，建筑的元素，例如功能、经济、美观等等，都有着不同的关系、不同的地位。几千年来，没有一个建筑概念、理论和著作，能够涵盖差异如此之大的所有层次。

大约从奴隶制社会建立时开始吧，也就是从宫殿、陵墓、庙宇之类的出现开始，每个时代最好的材料、最杰出的工匠、最先进的技术，都毫无例外地用在那些为少数统治者服务的建筑物上，为他们的物质生活和精神生活，为他们生前的“伟大”和死后的“万岁”，几千年的建筑史，无非是宫殿、庙宇等等的历史。建筑师们给帝王将相工作，他们的视野里哪里有平民的住宅？因此，几千年来的建筑概念、理论和著作，反映的主要都是那些最高层次的建筑物。“山河千里国，城阙九重门。不睹皇居壮，安知天子尊。”建筑是艺术，它必须豪华壮丽，谁说不是呢？就连民主制度相当彻底的古希腊共和城邦里，占主导地位的建筑也是庙宇；欧洲中世纪的城市公社，独立斗争的纪念碑也是主教堂。17世纪之后法国的古典主义的学院，又进一步把建筑学锤炼成纯粹贵族气的观念和教条。建筑是艺术之首，在象牙塔的顶点，无比高贵。

石破天惊，柯布西耶要把为普通而平常的人建造普通而平常的住宅当作建筑学的基本层次了，要把建筑的观念和理论，它的全部价值观，建立在这个层次上了。《走向新建筑》为这个目的而写，它的所有论证都是住宅，为普通而平常的人建造的大批量生产的住宅。

这是革命，建筑观念的一场大革命。

革命不是柯布西耶一个人干起来的，不过，他给予这场革命最鲜明的自觉意识和比较完备的理论体系。弗兰姆普顿（K. Frampton）在《现代建筑：一部批判的历史》（1980）中把柯布西耶称为20世纪现代建筑的“种子和主角”，这应该是原因之一。

观念的革命，反映着现实中的革命。

《走向新建筑》的结尾一章叫作“建筑或者革命”。柯布西耶说：

> 在工业的所有领域里，人们都提出了一些新问题，也创造了解决它们的整套工具。如果我们把这事实跟过去对照一下，这就是革命。在房屋建造业中，人们开始大批生产构件；根据新的经济需要，人们创造了细部构件和整体构件；在细部和整体上都做出了决定性的成就。如果我们把这事实跟过去对照一下，这就是企业的方法上和规模上的革命。过去的建筑史，经过多少个世纪，只在构造做法和装饰上缓慢地演变。近50年来，钢铁和水泥取得了成果，它们是结构的巨大力量的标志，是打破了常规惯例的一种建筑的标志。如果我们面对过去昂然挺立，我们会有把握地说，那些“风格”对我们已不复存在，一个当代的风格正在形成；这就是革命。

30岁刚出头的柯布西耶已经阅历丰富，他游历过古代的文化中心和当时新工业的中心，他交游过20世纪初年最先进的建筑师和艺术家，他设计过新的住宅建筑体系，也当过营造业的老板，第一次世界大战后欧洲的社会主义高潮也深深地激励了他。这时候，他已经懂得，建筑的革命要跟社会的最迫切的需要结合起来，这就是住宅问题。“一大批人需要合适的住宅，这是当前最火急的问题。”要建造大量“人人住得起”的住宅，“简单而合乎人道的”住宅，建筑就非革命不可。另一方面，建筑的革命要想进行到底，也必须依靠大量性住宅，以它为基地，树立发展新建筑所需要的精神面貌。

19世纪中叶以来，新技术、新材料、新形式主要在图书馆、展览馆、火车站、大商场之类需要大空间的建筑物里使用，以适应它们的特殊要求。这些特殊要求和适应它们的手段，点燃了建筑革命的星星之火。但是这些建筑物在建筑的大系统中处于比较高的层次，这个层次里，美观这个元素占的比重很大，要的是雄伟壮丽，向来是学院派的禁地，传统力量特别顽固。所以，虽然建筑革命从这儿开始，却很难巩固阵地，扩大战果。在欧洲来说，一直到20世纪30—40年代，传统势力在这个层次的建筑里还绞杀过早期的现代建筑。在我们这儿，不久之前，假古董建筑刚刚庆祝过它的胜利，仿佛吞下了太上老君炼就的不死仙丹。

可是，住宅建筑，尤其是普通而平常的人们的普通而平常的住宅，这个特别广阔的层次，却是现代建筑的千里沃土。学院派在这儿的统治特别薄弱，大工业在这儿却大有用武之地。学院派要在它瞧不起的、包工头们干的领域里栽跟斗，直到被整个儿地赶出历史舞台。

柯布西耶比别人更清楚地看到了这一点。《走向新建筑》的倒数第二章“成批生产的住宅”，有理论有实例，痛痛快快地把建筑老传统打得落花流水。这是全书最重要的一章，前面的11章，只不过给它蓄势而已。柯布西耶在这一章向企业家、建筑师和普通而平常的人提出要求：

> 必须树立大批量生产的精神面貌，
> 建造大批量生产的住宅的精神面貌，
> 住进大批量生产的住宅的精神面貌，
> 喜爱大批量生产的住宅的精神面貌。

一个个设计，证明大批量生产的住宅的优越性，它们比旧式住宅经济、实用、美观、合乎道德。这些住宅是“工具”，由这些住宅组成的城市，也应该是“工具”，“井井有条而不是杂乱无章的了”。

住宅是工具，或者，像“远洋轮船”那一章里说的，“住宅是住人的机器”。柯布西耶把话说到了底，说绝了。他的理论好彻底！他的建筑革命意识好坚定！这个彻底性和坚定性，是柯布西耶的影响大于当时其他一些现代建筑开拓者的原因之一。

圣伊利亚在1914年的《未来主义宣言》里曾经说过，建筑应该是居住的机器，但热情多于思考，这句话带着技术崇拜的味道。柯布西耶却给它做了科学的论证，所以，理所应当，他拥有这句划时代名言的首创权。不过，为了使这句话有生命，使建筑革命在住宅这个层次里取得完全胜利，然后扩大到整个建筑领域，柯布西耶还必须回答这样一个问题：作为机器或者工具的住宅，它美吗？

这是任何一个建筑革新者都不能回避的问题。《走向新建筑》这本书从头到尾都在回答，尤其是前面的11章。

柯布西耶的回答是革命性的。

有许多人，在替新生事物辩护的时候，喜欢委曲求全，证明新事物并不违背旧的价值标准。这种论证，最后必定还是会束缚新事物的发展。柯布西耶可不来这一套。为了给现代建筑开路，他索性一不做、二不休，从根上推翻了旧的建筑审美观念，建立起现代建筑自己的审美观念，这就是“工程师的美学”。

工程师的美学讲的是建立在严格计算之上的数学和谐，它跟作为基本规律统治着整个宇宙的数学和谐是一致的。任何东西，在人们心里引起了跟宇宙规律的共鸣时，它就是美的，所以经过工程师计算的东西就美。这本来是毕达哥拉斯的美学，柯布西耶巧妙地把它跟技术美、机器美联系起来。扩而大之，他用了整整三章篇幅，热情洋溢地歌颂了远洋轮船的美、飞机的美和汽车的美。在1920年代，它们都是科学、技术和大工业的尖端产品，正悄悄地但是不可抗拒地改变着人们的生活和观念。柯布西耶用它们的美来攻击传统的审美观念，提倡新的审美观念，锋利无比，而且叫人心情振奋。

柯布西耶最胆儿大、最出奇制胜的一步棋是把帕特农神庙纳入到机器美学里来。帕特农“是激动人心的机器”！制服了帕特农，那么，用机器美学来证明大批量工业化生产的住宅的美，还有什么困难呢？他可能有点儿简单化，有点儿片面性，过分急于打歼灭战，不过他说了些很能启发思想的话。

传统的审美观念是跟历史风格结合在一起的。19世纪以来，所谓建筑的艺术处理，就是给它选一种历史风格，传统审美观念对新建筑的束缚，表现在历史风格的外套上。柯布西耶干脆利落地说，过去的风格都是谎话，都跟我们无关。他说：“风格是原则的和谐，它赋予一个时代所有的作品以生命，它来自富有个性的精神。我们的时代正每天确立着自己的风格。”因为把普通而平常的住宅当作新建筑的基本层次，所以，他论证：“正是在大量性普及产品中蕴含着一个时代的风格。”这样，他保持了理论的统一，并且向学院派贵族老爷的传统挑战。

在现代建筑运动中，还有两句很有名的话，为新建筑的风格辩护。一句是卢斯的“装饰就是罪恶”，一句是密斯的“少就是多”。卢斯从经济上和人道上否定装饰，切中要害，但说文明进化必然排斥装饰，论证还不够有力，只说了些感情冲动的话。密斯的话太有技巧性，并且含糊不清，理论意义也不强。而柯布西耶则比较严谨，从正面建立了现代建筑的美学，基本上是完整的。40年后，文丘里企图否定现代建筑的美学基础，代之以他主观随意得很的新理论，但是，他站在认识的低水平上，力不从心。

当然，绝不能把柯布西耶跟整个现代主义运动割裂开来。20世纪初年，工业设计的潮流就已经波澜壮阔，新的思想和创作方法非常活跃。大量性的、普及的、日常的用品，是工业设计的主要题材，它们最需要服从大规模工业生产的技术条件和经济条件，因此最需要观念的革新，也最早实现了观念革新。现代建筑运动跟这个工业设计运动是亲姐妹，它重视大量性的、普及的、日常的建筑。1906年，波尔席格就已经把住宅当作新建筑的出发点。1914年，穆迪修斯提出，建筑必须标准化才能跟时代文化和谐协调。未来主义者的几篇宣言，也已经包含了《走向新建筑》的许多重要思想，这几篇宣言里，工业设计运动的技术美学的气息很浓。

工业设计浪潮和建筑革命当然跟当时的各种先锋派文学和艺术有瓜葛。20世纪初年的现代主义运动是一个大系统，作为其子系统的工业设计、建筑、文学、艺术、电影、戏剧等互相制约、互相影响。把现代主义当作一个整体，像文艺复兴和启蒙主义一样，做综合的研究，实在是一个极好的课题，诱人得很。可惜我们目前未必能做这件工作，连基本的资料都不够。为了给这样的综合研究准备条件，先得搜集原始的文献资料，要足够，要成系统，再写出一些现代建筑的思想理论史来。就是这些准备工作，如果没有一支稳定的队伍，经常交流、协作，恐怕也是搞不成多少事的。各行各业中，大概只有建筑界还没有这样的队伍、这样的机会，而且也没有人认真去建立。成天价怨理论水平不高，怪谁呢?

柯布西耶自己是纯净主义的画家兼雕塑家。《走向新建筑》本来是先分篇发表在他主编的纯净主义刊物《新精神》上的。但在这本书里，柯布西耶没有片言只语谈到纯净主义，也没有谈到绘画和雕塑。他只是按照建筑本身的逻辑立论，一开篇就说工程师如何如何。这事有点儿怪。不过，建筑本身的逻辑跟纯净主义的理论是一致的。纯净主义者认为，艺术应该排斥自然界大量偶然的东西；艺术家应该极精确地找出对象的内部规律，表现它的合理的、永久性的东西；艺术品应该是高度组织起来的现实、人道主义的现实。他们认为，工业制品最少偶然性的东西，它们是内在合理的，因而是永久的。所以纯净主义者喜欢用工业品做艺术题材，他们赞赏远洋轮船、飞机和汽车。……再说下去，就是《走向新建筑》了。因此，虽然没有说到纯净主义，《走向新建筑》却是地道的纯净主义建筑理论。当时，纯净主义在法国是最有影响的艺术流派。1923年12月，苏联意识形态主管之一，理论家卢那察尔斯基在莫斯科大学做《艺术和它的最新形式》的报告，称赞纯净主义的理论是“无比深刻的社会理论”。纯净主义脱胎于立体主义，还保存着立体主义的某些观点。所以，现代建筑的基本美学思想跟立体主义，还有未来主义，都沾一点血缘关系，主要是技术美学的血。

建筑的发展有它自己的规律，完全不同于文学、艺术等等的。19世纪以来，现代建筑就按建筑本身的规律在酝酿了，到20世纪初，它跟文学、艺术之类的现代主义运动同步发展。这是因为，它们都受到现代工业社会的哺育。虽然根据不同，价值和是非也不尽相同，但它们的协同作战，形成了触天的浪涛，冲破了传统的束缚，互相促进，互相借鉴，互相提供思想和经验。现代建筑终于在这个汹涌的浪涛中一泻千里，开辟了新的历史时代。

20世纪初年，现代建筑在住宅中扎根发芽，当然不是建筑师的奇谋异算，而是由于19世纪末年以来猛烈的城市化过程，尤其是第一次世界大战后大规模建设的需要。

不过，只看到这一点是不够的，还应该注意到一个重要的现象：当时欧洲现代建筑的先驱，也就是建筑界里最有革新精神的人，都对住宅建设十分热情，在这个领域里花了大量的心血。范·德·维尔德、贝伦斯、彼莱特、卢斯、密斯、格罗皮乌斯都不例外。

柯布西耶把“为普通而平常的人使用的普通而平常的住宅”当作“时代的标志”，而“任凭宫殿倒塌”，说的绝不是一个小小营造业老板兼设计师的话。在《走向新建筑》里，他虽然从头至尾都讲大量性住宅，并且对大企业抱有很大的希望，但是，没有一句话讲到算盘经。他完全是从人道主义立场谈论住宅问题的，把它作为一个“道德的问题”。在“平面”这一章里，柯布西耶建议在巴黎造60层的塔楼，“这些塔楼之间的距离很大……它们留下大片空地，把充满了噪声和高速交通的干道推向远处。塔楼跟前展开了花园，满城都是绿色。塔楼沿宽阔的林荫道排列，这才真正是配得上我们时代的建筑。”现在有许多人嘲笑他的“塔楼城”思想，说什么没有人性、不人道。但是，请听他说：“这些塔楼要给迄今为止一直窒闷在拥挤的住宅区和堵塞的街道里的工人住，在它们里面，所有的设备都照美国人的经验安装起来……”这难道不是人道主义？

柯布西耶和其他一些革新派建筑师的人道主义立场，是跟当时欧洲高涨的社会主义运动分不开的。社会主义者一贯重视劳动者的居住问题。恩格斯的第一部成熟的著作《英国工人阶级状况》，就尖锐地揭露了工人居住条件的悲惨。空想社会主义者圣西门、欧文和傅立叶都曾经设想过花园式的工人城市和其中的住宅。19世纪末叶霍华德的《明日的田园城市》，是在这些设想影响下诞生的。田园城又影响了许多人，是20世纪初年在欧洲很流行的思想。柯布西耶在《走向新建筑》里介绍的托尼·迦尼埃的“工业城”是1899年开始规划的，它有圣西门和其他空想社会主义思想的形迹。柯布西耶的塔楼城就从它而来。他说：“在对‘工业城’进行大规模研究工作中，迦尼埃假定社会制度已经实现了某些进步，从而产生了城市正常扩建的一些条件：社会从此有支配土地的自由。”由社会来支配或者拥有土地，是这时候进步的建筑师的热门话题。他们大都明白，城市土地私有制，会使最合理的规划都很难完全实现。

资产阶级政府，出于各种实际的考虑，在19世纪曾经通过一些法令，采取一些措施，改善劳动者的居住条件。人道主义的慈善机构不断地宣传这类主张，促它们实现。

进入20世纪，欧洲的社会主义运动几次掀起高潮，它的思想影响空前广泛。十月革命发生之后，匈牙利和德国也发生过社会主义革命，虽然失败了，但它们的震撼力量还长期起着作用。正是在这20世纪开头的20—30年里，欧洲像变魔术一样产生了许许多多文学和艺术的流派。这些流派的主张五花八门，有一些存在的时间也不长，不过它们有一个共同的特点，就是鲜明地、激烈地反对传统，狂热地追求创新，因此就在后来被人统称为“先锋派”（或译为“前卫派”），其中有一些是文化思想领域里的左派。这些人当中，确实有一些在政治上是革命的或者进步的，或者对破坏旧世界、创造新世界抱着一种朦朦胧胧的热情。他们认为，既然要破坏旧世界，那当然也要破坏旧文化；既然要创造新世界，那当然也要创造前所未有的新文化。新文化是人民的，旧文化是贵族和资产者的，这种意识也相当普遍。先锋派美术的重要代表皮卡索和达利是共产党员。在文学界，表现主义者贝歇尔参加了德国共产党，托勒、温鲁等也靠近工人阶级。超现实主义者中有许多人，例如阿拉贡和艾品雅，在1927年加入了法国共产党；超现实主义者在西班牙内战中完全支持共和国，有一些直接手拿武器，保卫民主。

十月革命之后，在卢那察尔斯基的支持下，先锋派文学和艺术在苏俄一度占据了主导地位，尤其是未来主义者，包括革命诗人马雅可夫斯基。未来主义者对革命、对劳动者的群众文化热情很高，后来大部分艺术家又积极投入工业美术（或称生产美术）和物质生活环境的艺术化运动。他们把这些当作建设新生活的一部分。马列维奇、塔特林和康定斯基在1919年曾经协助卢那察尔斯基筹备召开第一届国际新艺术大会。阿拉贡等人则参加了在苏俄召开的第二届国际革命作家大会。1922年，李西茨基主持了在德国举办的第一届苏俄美术展览会，轰动欧洲，包豪斯的全体师生都赶去参观了。1923年，康定斯基来到包豪斯，就是在他的影响之下，格罗皮乌斯决定改变包豪斯的宗旨，把提倡手工艺改为“艺术和技术——一个新的统一”。柯布西耶则又把马雅可夫斯基吸引到纯净主义里去了。

现代主义运动是个非常复杂的现象。提出其中某些人在某些方面的表现，对它做出一般性的判断，这是不可以的。不过，完全不承认社会主义运动鼓舞过其中一部分人，因而把它当作帝国主义时代的腐朽现象，也是不会得出正确的认识来的。当然，政治上进步，艺术上未必就正确，甚至可能荒唐。不过，艺术上基本错了，也未必就完全没有正确的甚至进步的可取之处。这种认识并不排斥当时有一些先锋派人物在政治上是反动的，在艺术上是颓废的。

20世纪初年的建筑界，也有类似的情况。范·德·维尔德就是一个社会主义者。密斯、塔乌特、奥德、卢斯和格罗皮乌斯等等，都曾经是反资产阶级文化的斗士，甚至很有点“红色”。1919年，格罗皮乌斯说：“资产阶级知识分子已经证明了他们自己是不配担起德国文化的重担的。我们人民中，新的不太有知识的阶层正兴起于社会的底层。他们是我们的希望所在。”1920年，他加入了社会民主党。他主持的包豪斯里，聚集了一批思想左倾的人，其中一个重要人物梅耶，是一个共产主义者。他在1929年《包豪斯》校刊上写道：“今天的德国社会，难道不需要几千所人民的学校、人民的公园、人民的房屋、几十万幢人民的住宅、几百万件人民的家具吗？……我们是这个民众群体的服务者，我们的工作是为人民服务。”所以，雕刻家施莱默在1922年的一封信里写道：“包豪斯是在为社会主义建立教堂的意图下建立起来的……我们不在住宅的木材上做雕刻，不是因为想不出什么题材，而是因为良心禁止我们这样做。”

当时，欧洲一些国家里先后建立过的社会党政府，曾经支持这批现代建筑的先驱者，给他们提供机会。所以，规模不太小的工人住宅建设还是有过的。

这样，对于当时现代建筑的先驱者们十分重视工人住宅的建设就很容易理解了。

柯布西耶的《走向新建筑》就是在这样的历史背景下写出来的。所以他才把为普通而平常的人造普通而平常的住宅，任凭宫殿倒塌，当作时代的标志。当然，他绝不是一个政治上的革命者、一个社会主义者。在这本书的最后一章里，他说：“今天社会的动乱，关键是房子问题。”而要解决房子问题，就得推广工业化的新建筑。所以他说：“建筑或者革命！”他害怕革命，希望大企业能够听他的劝说而大批量地“制造”工人住宅。他对企业家抱着希望，因此，《走向新建筑》的最后一句话是：“我们可以避免革命。”

柯布西耶终于不过是一个人道主义者。虽然到1927年人们还攻击他是布尔什维克的奸细。

卢那察尔斯基1923年12月2日在莫斯科大学做的报告里说，纯净主义者“……向保皇派献媚……但是他们也喜欢无产阶级也拉拢布尔什维克”，它既不是资产阶级的现象，也不是无产阶级的现象，“这是现今知识分子中的优秀部分力求巩固的社会组织的表现。一门好炮，对无产阶级来说可以是好炮，对资产阶级来说也可以是好炮。同时，一个好的纯净主义者，可以成为我们的帮手，也可以成为他们的帮手……纯净主义者没有一定的社会思想体系。左右两极都把他拉往自己这边，对他来说，两极都有吸引力”。

在十月革命后的苏俄，大规模建设的工人住宅、文化设施和工业建筑成了建筑领域里的主角。于是，强调功能、强调新技术、追求朴素而真实的形式的现代派构成主义建筑成了主流，它的代表人物是维斯宁兄弟。构成主义建筑跟格罗皮乌斯和柯布西耶等西欧现代派建筑的主要代表的主张是一致的。所以，构成主义的理论家金兹堡号召建立“国际的统一战线”。

格罗皮乌斯、密斯、塔乌特、梅耶、玛依和柯布西耶，都曾经对苏俄十分友好。柯布西耶在苏俄设计了一些大型公共建筑物。同时，苏俄的现代派建筑师也对西欧发生影响，美尔尼可夫就曾经被邀请到巴黎做设计。金兹堡等人的“公社大楼”的设计思想，后来在柯布西耶的马赛公寓中也有所体现。

格罗皮乌斯和柯布西耶都参加过苏维埃宫的设计竞赛。1931年，约凡的新古典主义方案被选中后，1927年已经在国际联盟大厦设计中遭到失败的柯布西耶，于1932年写信给卢那察尔斯基表示吃惊，并且向苏维埃宫建设委员会主席莫洛托夫申诉说，这个决议拖了苏联现代建筑的后腿，新建筑最能表现时代精神，西欧的现代建筑师把希望寄托在苏联身上，它应当是革命的新建筑创作的园地。但是，苏联政府没有理睬他，继续推行保守的建筑政策。1933年，莫斯科街头的游行队伍中居然有标语牌写着“要古典，不要新建筑”。回想十几年前，塔特林的“第三国际纪念碑”设计方案被印在邮票上，被印成宣传画到处张贴，前后相比，变化是太大了。终于，现代派建筑跟现代派文学艺术混在一起，被不加区别地同时压制下了。

苏维埃宫设计竞赛标志着苏联建筑发展中相互联系的两件事：一是古典主义打倒了现代派，二是大型公共建筑重新压倒住宅成为占主导地位的建筑。而这两件事又跟个人迷信的确立相联系。有人认为，苏联从1930年代起一度反对现代建筑，是因为帝国主义对苏联的包围引起了对抗心理。这种解释缺乏根据。因为，当苏联压制现代建筑的时候，现代建筑在纳粹德国和法西斯意大利也正受着压制。而这两个国家当时是最反动的，是苏维埃政权的死敌，它们压制现代建筑的理由正因为它是“红色”的。希特勒政权是派了“盖世太保”去查封包豪斯的，就因为据说他们是布尔什维克。苏联在1930—1940年代压制现代建筑的根本原因，是因为建筑又被迫把以宏伟壮丽的形象反映时代的“伟大与光荣”当作主要任务。于是占主导地位的建筑类型变了，或者说，建筑的基本层次变了，相应地，关于建筑的观念、理论和创作方法也跟着变了，变回到学院派去了。同时，这个“伟大与光荣”的时代又以某个神化了的个人为标志，所以，建筑就自然要恢复封建的传统。

有些同志认为，把我们关于建筑的观念、理论和创作方法建立在建筑大系统中的哪个最基本的层次上，纯粹是白费唾沫的废话。看一看苏联建筑历史的反复，大概就能明白，这个争论并非毫无意义。

苏联建筑在1930年代走上了复古道路。卢那察尔斯基的话应验了：为了实现自己的建筑理想，柯布西耶竟一度打算依靠墨索里尼，后来又给维希政府工作。

第二次世界大战之后，一部分现代建筑的先驱者们功成名就，早已忘记了当初的社会理想，脱离了他们借以发家的大量性住宅建筑，走到象牙塔里去了。于是，他们的作品渐渐染上了贵族气，开始有点儿僵化，有点儿脱离生活。这就授人以柄，使所谓“后现代主义者”有可乘之机。

1960年代，后现代主义者造了现代主义的反，而在苏联，这时候倒又开始重新认识现代派建筑的价值。

在我们国家，整整半个多世纪，没有真正接触过现代建筑。1970年代末，向世界刚刚打开一条门缝，劈面见到的是“现代建筑死亡了”这样的论断。于是，容易发生一种错觉，似乎现代建筑已经不值得研究了。事实恐怕倒是我们还要从头研究一下现代建筑，是也罢，非也罢！

研究现代建筑，当然像研究历史上任何一种建筑一样，要着重它的内部规律。不过，我们每一个搞建筑创作的同志都明白，外部条件的制约作用有多么强。这种制约在什么时代都有，所以，目前相当流行的，认为不必研究建筑发展的外部条件的主张，也是一种片面性，就跟不研究内部规律一样。建筑是一种开放性的社会实践，一部完整的建筑史，应该包括两个组成部分，这就是，建筑社会史和建筑本体史。建筑本体是在建筑的社会环境中发展的，社会史是本体史的前提。只有在建筑社会史和建筑本体史都完备了的时候，我们对建筑的发展才能有整体的、系统的认识。

译完《走向新建筑》之后，我写下这个方面的背景材料，也许对读者有一点儿用处。

这并不意味着我认为《走向新建筑》十全十美，完全赞同柯布西耶的话。这本书的体系并不严谨，结构混乱，美学观点也有可商榷之处，有些论证不免简单化。不过，它是一本极重要的书，一本好书，一本在历史上起过开拓作用的书，一本永远不会磨灭的书。一部虽然有片面性甚至错误，却提出了新思想，很能启发人的书，比一部面面俱到，十全大补，滚光溜滑，却全是陈词滥调，连一句新鲜话都不敢说的书，那是要好得太多了。

（原载《新建筑》1986年第3期）

附录 1

英译者序（1927 年）

不要说，
先前的日子
强过如今的日子，
是什么缘故呢？

《旧约·传道书》七章十节

一个18世纪的人，蓦然间一头扎进我们的文明，一定会觉得像做了一场噩梦。

一个19世纪90年代的人，看多了现代欧洲的绘画，一定会觉得像做了一场噩梦。

一个当代的人，读了这本书，会觉得像做了一场噩梦。关于“英国人的堡垒”——长满青苔的瓦顶、尖尖的山墙头、斑斑陈迹——的我们最心爱的一些观念，都要像玩具一样扔掉，作为替代品应许给我们的是60层高的人类养兔场；坚硬而干净的混凝土房子；固定家具冷峻地有效率，就像轮船舱房里的或者汽车里的那样；到处都是大批量生产的标准化产品。

我们用不着大惊小怪。一切构成我们现代文明的发明创造，都曾经引起同样的恐慌。人们预言，铁路会破坏乡村，汽车破坏道路，飞机破坏上层大气。所有这些事情都发生了，批评在很大程度上是正确的，但人类仍然活着，进步着，跟从前一样地悲欢哀乐。道理在于人类有一种神奇的能力去适应新环境。他学着去接纳甚至以一种悄悄的方式去喜欢新异的形式。新形式起初令人讨厌，但是如果它有一点儿真正的生命力和正当理由，它会成为朋友。纯粹的空想会很快死亡。

如今，在现代机械工程中，形式看来是主要顺应着功能而发展的。设计人和发明者可能并不直接关心（机械）最后会是什么样子，也许没有想到要去注意它。但人类天生具有不同程度的有序地安置事物的本能，即使没有意识到，这种本能也会起作用。普通的发动机是这方面的显著例证。有一些安置得乱七八糟，有一些整整齐齐。

在结构工程中也有同样情况。现代的钢筋混凝土桥或者水坝可能是粗糙笨拙的东西，也可能它有它的庄严挺括的美；在这两种情况下结构都同样地功能良好。

致力于功能并以直接满足新需要为目标的工程师，不可避免地会搞出前所未见的形式来，起初吓人一跳，稀奇古怪难以接受。这些形式中的一部分不值得常常重复，很快就消失在废物堆里。另一些经受住了使用和标准化的考验，跟我们很友好，在我们常用设备中占了一席之地。这些优秀的新形式，第一眼看上去如此格格不入令人心烦，最终会跟历史中任何健康的年代里同样功能的形式出乎意料地亲合。

工程师和建筑师必须靠别人的钱工作。他们必须考虑他们的顾主，并且像政客们一样，不能走在时代前面太远。艺术家则不同，尤其是画家，虽然常常穷得活不下去，但只要能够达成某种可以使他凑凑合合活着的妥协，他至少能自由地（偶然）在纸上或麻布上表现他自己而不必考虑到任何人或任何东西；他为试验而试验、为探索而探索。说真的，被一小撮艺术家在我们今天重新煽起的这种热情，产生了一批使人惊惶失措而又无可奈何的作品，它们毫无必要地激怒了许多人。

现代的工程师，首先追求功能而把形式放在第二位，但他的成果总是造型美观的。优秀的现代画家为造型而追求造型，如果他有必要的能力，成品在造型上就会令人满意。

对现代工程师和画家来说，情况就是如此。对于用各种方法把二者的作用结合起来的建筑师来说，情况是否也是如此呢？勒·柯布西耶先生会强调地告诉我们："不！"他的书是对他的同行们的挑战。这就是说，他作为一个建筑师为建筑师们写作，又像一位学者那样注意着伟大时代的成就；他写的时候，悲哀多于愤怒！他不是猛兽，不是"革命家"，而是一位心情十分严肃的头脑清醒的思想家。当然，《走向新建筑》本来是给法国人写的，其中有些论点在英国人或美国人看来并没有那么大的力量；但这本书是已有的书里最有价值的一本，哪怕仅仅因为他迫使我们这些建筑师们和门外汉们去认定、去发现我们正在走向何方，去模模糊糊地了解那条不论我们是否愿意都被迫去走的陌生的道路。

勒·柯布西耶先生告诉我们，现今的普通建筑师，是一个胆小的、精神萎靡的家伙，害怕正视现实。他用各种各样的历史"风格"玩弄他的小聪明，他能轮流向"哥特式""古典主义""都铎式""拜占庭式"或者无论什么式发出订货单。勒·柯布西耶说，建筑师把这么多的精力放在学习这些表面外观上，以致所有的"风格"他都能同样运用。他说，伟大的或者甚至说好一点的建筑，都不是这样诞生的*。

但是人们说，我们不能逃避历史，不能忽视那颗果核，我们就是像果仁一样从那里面被劈出来的。确实如此：勒·柯布西耶在这本书里的独创性恰恰就是让我们像人们看汽车和铁路桥那样，以直截了当的方式去看帕特农和米开朗琪罗的圣彼得大教堂的祭坛部分这一类建筑作品。在我们对这些建筑物的功能和造型方面做了一番研究之后——一切偶然的和仅仅是样式化的东西被放到它应该去的低层位置——这些建筑物以新的姿态出现，它们更多地被当作第一流的现代混凝土结构或者一辆劳尔斯罗埃汽车那样的东西，而很少像那些我们被钉死在上面的滑稽的仿制品。

---

* 这种比较新的情况，除了一些例外，大体开始于工业革命的时候；英国的维多利亚时代，虽然有缺点，但有它自己的精神和面貌。

这本书因而是对现代建筑研究的重要贡献，也是对研究现代建筑的重要贡献；它可能令人烦恼，但它毫无疑问是有启发性的。勒·柯布西耶先生并没有浪费时间和篇幅去开一份现代建筑物的深思熟虑的清单；他限于阐明一些现代人面临的，因而也是现代建筑师面临的问题，他以跟现代建筑实例同样多的古代实例指出了结论。

这些问题主要是由现代企业越来越大的经营规模引起的。近年来，托拉斯或康采恩（联合企业）大大改善了它的性质，看起来似乎是“大事业”的永恒的形式；百货公司取代了小商店；城市居民越来越多地住进了庞大的公寓楼；运输和交通问题迟早会彻底地改造我们的街道——所有这些因素意味着新的问题和新的答案，而我们的任务是，使用可以到手的材料和施工方法坚持不懈地，当然，不是盲目地，努力去改善它们。

这个过程正在进行，不管我们对它的结果怎么看。我们这个时代的建筑正在缓慢地然而坚定地形成，它的主要特点变得越来越清楚。钢和钢筋混凝土结构的使用；大面积的平板玻璃、标准构件（如金属窗）、平屋顶、新的合成材料和依靠机械力量加工的金属的新颖表面等的使用；从飞机、汽车和轮船所得到的启发；所有这些无论如何都有助于20世纪建筑的诞生，它的谱系已经可以勾画出来了。四四方方的体形和轮廓、强调水平感的方格网构图、完全赤裸的墙面、经济朴素绝少装饰，这些都是它的特征。我们可以预期，一个伟大的、经典的建筑，正在发展，它的充分成熟了的外表将有一种高贵的美*。

现代人对美的东西有自发的、毫不勉强的兴趣，观察这种兴趣的初步的、微弱的显现是很使人愉快的。通过那些包围着他、深深影响着他的日常生活的机器和工具的效率和精致，他得到绝妙的无意识的锻炼。普通的汽车拥有者开始会从优美的车身、简洁的设计和线条感到怡悦。有这么多人这么密切地注意一个特殊的审美问题，已经确实有好多年了。这种兴趣会很快扩大到现代建筑，它会从欣赏功能性的或者纯粹结

---

* 但绝非由于模仿。

构性的作品进而到欣赏有更大意义的作品，这样的预期不会太高。

我在这儿引用一两段摘抄，它们好像暗示这方面的思想倾向。它们并不是从“革命的”书上搞来的。

> “……教育触动了商业集团，公司和康采恩，它们在改善建筑物的旗帜后面前进……他们允许建筑师摆脱僵化的思想自由创作，从而在建筑中点燃了20世纪精神的火花……对城镇的艺术质量做出了贡献。一些评论家认为工业建筑是可悲的必需品……‘功利的’和‘粗野的’这两个词被看作同义词……”约翰·克劳格（John Cloag）先生在1927年1月12日的《建筑师》杂志上写的这篇文章把后面的那个观点叫作“恼人的”，并进一步说：“没有受到对虚伪的‘风格’的假想的需要束缚的功利性对工业建筑的形式是有利的影响的。”

派盖（R. A. S. Paget）先生给《时代》杂志写了一封信，它的摘要发表在1926年4月7日的《建筑师》杂志上，信里说，摄政大街应该设计成两幢长长的底层开敞的商店大楼，隔街相对，用有顶的廊子、地道和桥梁以适宜的间隔联系起来，使顾客能从这一幢走到另一幢而不怕日晒雨淋。他也主张从地下铁道站口到商店和公共汽车站之间造有顶走廊直接交通，这样就可以在屋顶保护下乘车下车。商店门前的人行道要用券廊盖起来，在券廊顶子以上给商店开高窗照明，这样就可以避免纳许（Nash，建筑师）的独创性券廊的致命弱点。在券廊顶上可以设露天的很有吸引力的步行街，晴天里好用，在路上架设过街桥。

1925年6月24日《建筑师》杂志“医院”专号的广告栏里，有这样一段：“现代医院是消灭有害的和非本质的东西的胜利成果。因为它绝对地适合于目的，它的手术室——像一条远洋轮船的机器房——是世界上最完善的房间之一。”

对于大批量生产来说，这不是新鲜事。凡机械化必倾向于大批量生产。但这过程可以追溯到很早以前。木匠的刨子跟锛子的关系，就像安全剃刀跟老式刮胡子刀的关系，在这两个例子中，比较现代化的工具达到了我们可以称之为大批量生产的水平。而印刷就是大批量书写。在这个国家里我们背着畏畏缩缩的“艺术与手工艺运动”的包袱，那运动一定会助长否定和拒绝大批量生产的真正优点的感情；不过这感情虽然还徘徊不去，却是可以略而不计的，甚至“有艺术气质”的人现在也毫不遗憾地喜好大批量生产的可爱的产品。

在考虑这本书里勾画的要害问题的时候，最重要的是避免任何一种势利眼。举一个小小的不要紧的例子：反对现代化的路边汽油加油站的叫嚷，就是纯粹的瞎扯。当然，我并不硬说加油站多么好看，多么有趣；不过它们比起古典柱式邮筒和大多数灯柱来，那是要更讨人喜欢一点的。它们刷上明亮的广告颜色，它起着使真正的广告学对象完善化的作用，它们给我们糟糕的郊区和垂死的村庄以一些生命和色彩。

出版这本书的英文译本，目的是刺激思想，引起对这本书所讨论的严肃问题的兴趣。我毫不怀疑，这本书的插图里的一部分法国现代建筑在我看来是不大可爱的，但是任何一个学派的个别建筑作品都可能这样。我认为我们可以正确地申明，我们国家里在解决小型和中型的住宅问题上是很有成绩的，这些住宅将是整齐的，设计得实用、经济，整体看上去很漂亮。而在大规模的城市规划方面和为不久将来必定需要的巨大现代化结构做准备方面则没有做什么工作。读一读这本书将会在这方面打开若干条思想大道。

为翻译必须说几句抱歉的话。勒·柯布西耶先生是用某种“断奏”风格写作的，连法文都有些使人为难；同时，他的书的性质是一个宣言。我的目标是提供一份尽可能忠实可信的译本，代价是有些句子笨拙可笑，保留一些高卢主义。

弗雷德里克·埃切尔斯（Frederick Etchells）

附录 2

勒·考柏西叶[*]评传[**]

金克司（Charles Jencks）文　窦武[***]辑译

第一部分：准备（1887—1916）

（一）

勒·考柏西叶出生在瑞士的La Chaux-de-Fonds，这是一个钟表生产中心。工匠们的祖先是从法国流亡出来的胡格诺教派信徒，他们始终保持着祖先政治上和宗教上的自由精神。因此，卢梭、巴枯宁和克鲁泡特金都曾经到这里居住，列宁也来过这里。勒·考柏西叶（Jeanneret家族）的先辈是巴枯宁的支持者，有一个死在狱中，一个是当地1848年起义的领袖之一。勒·考柏西叶以他的先辈的“革命”传统自豪，终生进行激烈的斗争。晚年时（1940年代），他回顾一生的斗争，说：

> 有时候我失望了。人们如此愚蠢，以致我恨生不如死。在我的一生中，人们总想把我打得粉碎。起初，他们叫我肮脏的工程

---

* 即勒·柯布西耶。

** 原载《建筑史论文集》第5辑，1981年9月。为展现本文历史原貌，文中人名、地名、书名与专有名词均保留原译文用法。

***陈志华笔名之一。

师，后来说我是想当建筑师的画家，再后来又是画画的建筑师，又是共产主义者，又是法西斯分子。好在我的意志一直坚强如铁。年轻时虽然很胆怯，我却迫使我自己破釜沉舟，义无反顾地前进。我是一个拳击手。（转引自Geoffrey Hellman：“From Within to Without”，见*New Yorker Magazine*，1947年4月26日及5月3日）

（二）

勒·考柏西叶的父亲是个登山运动员，他常常跟随父亲在家乡的阿尔卑斯山地里旅行，培养了观察自然和动植物的习惯。考柏西叶在故乡的美术学校学习，老师L’Eplattenier是一位“新艺术运动”的美术家，也教他熟悉大自然。他回忆说：

少年时代的好奇心简直永不满足。我研究花儿，它的里面和外面，研究鸟的形状和颜色，我会种树，知道它为什么在暴风雨中能够保持平衡。

我的老师说过：“只有大自然是真实而鼓舞人心的，只有它支持人类的努力。但是，绝不要像风景画家那样去对待大自然，他们只会表现它的外表。要钻研大自然的规律、形式和生气勃勃的发展，并且把它们综合起来创作装饰物。”他对装饰有一种高尚的观念，把装饰看作宇宙的缩影。（见*L’Art décoratif d’aujourd’hui*，1925）

这位老师是个“新艺术运动”的艺术家，所以，勒·考柏西叶早年的建筑设计，例如，1908年他21岁时设计的别墅（Villa Jaquemet et Villa Stotzer），有显著的“新艺术运动”的痕迹，采用了花儿、野蜂、白桦树等作装饰题材。

不过，他在1907年做第一次学习旅行（意大利、维也纳、里昂）

时，接触到了Adolf Loos的思想，Loos认为装饰是罪过，只有没落的贵族和犯人才需要装饰，而真正有教养的人，能从贝多芬的音乐中得到更高的、抽象的喜悦。此后，勒·考柏西叶同“新艺术运动”决裂。1908年，他在一封信里说：

> 建筑师应该是一个有逻辑头脑的人；坚决摒弃对造型效果的迷恋；应该是一个有心灵的科学家，一个艺术家，一个学者。

在他的最重要的著作*Vers une architecture*里，勒·考柏西叶说：

> 建筑艺术就是把各种体积放在一起，巧妙地、正确地和出色地摆弄它们。……立方体、圆锥体、球、圆柱或方锥是最重要的基本形式……最美的形式。

（三）

1908—1909年间，勒·考柏西叶在巴黎，给Perret工作。这期间他大量读书，接触从古典主义到“新艺术运动”的各种潮流。Perret引导他向古典主义的严谨，而Frantz Jourdain的玻璃和钢铁的新建筑又使他羡慕。他拓画了英国的花园城市，被当时各种社会问题吸引，对建设花园中的工业市镇很有兴趣，1914年和1917年，写过用预制装配方法大规模建造工人住宅的论文。

1910年，他被家乡的学校送到德国去考察装饰艺术的发展。在1912年出版的*Étude sur le mouvement d'art décoratif en Allemagne*里，他写道：

> 德国的奇迹般的工业艺术真值得了解……德国是一本现实的书。巴黎是艺术之乡，而德国是伟大的工业之乡。经验在这里产

生，战斗是严酷的；房屋造了起来，那些房间和它们的老式的墙说明了秩序和顽固的胜利。

勒·考柏西叶参观了Peter Behrens的工作室，他正在为AEG公司设计工业品和成套的设备，担负着创造新的、大规模生产的工业品美术的历史使命。这给勒·考柏西叶极深的印象。他在这工作室里认识了Gropius和Mies。

但这时候，他还没有被卷入这场德国的革新运动。他还认为，功能主义不一定产生美，而艺术是完全独立于实用的。他跟他所熟知的尼采一样，主张艺术一半是理性的，一半是抒情的。所以，他一面批评"新艺术运动"缺乏精确性，一面批评功能主义缺乏诗意。这样，他同当时艺术家和建筑师都格格不入。

（四）

1911年5月，勒·考柏西叶到布拉格、维也纳、布加勒斯特、君士坦丁堡、雅典和佛罗棱斯等城做学习旅行。这时他24岁，正是贪婪地吸收知识的年龄。

旅行时，他身边带着一个速写本和一个笔记本，随时把思想和见闻记录下来。勒·考柏西叶一生用了七十多本速写本，这是他思想的源泉，也是他表达思想的地方。他有一种既简练又准确的绘画技巧，本子上画着房屋、风景、人物和他的各种思想，他从这本子里寻找建筑、绘画和争论的灵感。

勒·考柏西叶说，学习旅行使他摆脱思想的僵化和保守。关于1907年的旅行，后来他写道：

学校里的教学、死板的公式和对天赋权利的浪费，使我吃惊。在那个动荡的时代，我把这些放在脑袋里，由我自己独立地判断。……（在旅行中）我大开眼界……，一个人在旅行的时候，在考察形象性事物——建筑、绘画、雕刻——的时候，他使用他的眼睛，并且作画，这样就可以把他所见到的东西牢牢保存在他的经验里。一旦印象被铅笔记录下来，它就长久地留住了。照相机是懒汉的工具，他们用机器来替他们观察。而亲自作画呢，可以描绘线条，掌握体积，组织平面……所有这些意味着：首先是看，然后是观察，最后，也许是发现，……这样，灵感就来了。发明、创造、人的全身心都投入行动，而这是一种有成效的行动。（引自 Le Corbusier：*My Work*，1960）

锻炼了自己的眼睛，所以他后来在*Vers une architecture*里写了三章，题目都是“视而不见的眼睛”，批评一些人不能在轮船、飞机和汽车等大工业产品里看到新的美。

（五）

在1911年的旅行里，勒·考柏西叶已经认识了这些大工业产品的美。他说：

我们为美丽的现代工艺辩护，而且论证一切艺术都从它得到好处，从它的新的造型的表现能力，从它的勇敢的制作过程，从它给建造者提供的卓越的机会得到好处。这些机会把他们从古典主义的奴役中解放出来。巴黎的机械馆，汉堡的北车站，汽车，飞机，大洋轮船和火车头都是有决定性意义的论据。（见*Le Voyage d'Orient*，1966年版，第38页，写于1911—1914年间）

最有趣的是他参观雅典卫城的过程，最奇特的是他对帕提农的感觉。他在记述1911年旅行的*Le Voyage d'Orient*里说，在他有勇气登上雅典卫城之前，他在卫城四周逡巡了整整一天。他上午十一点钟到达，杜撰了上千条理由说服他的同伴，不要上去。他坐在咖啡馆里，喝着咖啡，读着报纸，或者到雅典城里古老的街巷里去徘徊。一直等到太阳落山，他们才在余晖中上去，这时，所有的石块都呈黄色和橙色，像着了火一样。他说：

> 看那使庙宇显得格外挺拔，环境格外荒凉，结构格外完美无缺的东西。力量之神获得了胜利。……建筑物的檐部断裂了，摇摇欲坠。一种特别强烈的人类宿命之感笼罩着你。帕提农是一架可怕的机器，统治着周围几英里的一切，摧毁它们。

帕特农被看成一架“可怕的机器”，一架完美的自动机械，因为它的简洁和精确达到了使人痛苦和恐惧的程度。

后来，在名著 *Vers une architecture* 里，勒·考柏西叶进一步说清了为什么帕提农像一架机器。首先，它是用制造汽和飞机的那种“想象力和冷静的理性制造出来的；其次，就像那些机器一样，它是从工艺的进化中产生出来的最完美的东西。

（六）

当勒·考柏西叶还在雅典的时候，1911年，他接到了过去的老师L’Eplattenier的信，要他回故乡去，在艺术学校里开办一个“新部”。在这个新部里，要搞一切设计：从最小的用品到建筑物，而且要既搞艺术也搞工业。勒·考柏西叶说，它的纲领同后来的Bauhaus相当。

在这个新部里，勒·考柏西叶担任建筑教学，同朋友们一起做设计，包括礼拜堂、音乐室、墓碑。他们想创造一个风格完全统一的环境。

这个新部遭到保守的资产阶级、别的学校及社会主义者和社会民主党的攻击。进步的社会主义者在艺术上表现得很保守，也可能，他们是怕培养出一批无能的半吊子，混不上饭吃。

在新部内部，勒·考柏西叶很快同L'Eplattenier吵翻，这是科学和工业同“新艺术运动”的装饰风形式主义的分裂。1914年，新部终于结束。勒·考柏西叶为这次分裂写了一本论战胜的小册子：*Un mouvement d'art à La Chaux-de-Fonds*，很雄辩。书里援引了Peter Behrens的作品（著作？）。

（七）

勒·考柏西叶在1912—1917年间所做的设计，包括建筑在内，反映了他从Perret、Gingria和中东旅行所得到的各种思想。设计家具，大都有一定的历史款式，建筑物虽然是钢筋混凝土的，但基本用古典的形式，尤其喜欢文艺复兴的式样，按照故乡传统的风格，一般有坡屋顶。不过，它们都是简化了的，就是F. L. Wright所说的那种“赤身露体的被奸污过的古典主义”。

在古典的范围内，勒·考柏西叶的作品都达到相当高的水平，他娴熟地掌握了多种风格。所以，后来他说“（历史的）风格都是撒谎”的时候，确实是他从自己的实践里得到的信念。

不过，在1916年，他已经向前探索，在故乡做了一些介于“赤身露体的古典主义”和新建筑之间的设计。 La Scala电影院就是由一些相当简单的几何形组成的，当地的报纸把它叫作“立体派的建筑”，招来了许多攻击：“这是土豆堆栈、冷藏库、奶酪窖”。勒·考柏西叶一生受到的各种谩骂从这时候就开始了。

有一些没有实现的建筑设计，也表现出他的进步思想。1914年做的Dom-Ino System是一栋钢筋混凝土的框架，反映这种结构的特点，平面和立面都是自由的，蕴含着新的审美原则。而且，它是准备为战后重建用的，适合大规模生产，可以装配成各种样子。它很美，合乎逻辑而且简洁，仿佛理想化了的新建筑。1920年代发表这个设计的时候，引起过强烈的反响。1915—1916（？）年间做的“ Maison du Diable”草图，一幢钢筋混凝土的房子，平屋顶上布置花园。还画了一个城市，架在柱墩上，把步行道和车行道分开。屋顶花园的设想，在1916年建造的Villa Schwob 上小规模地实现了。

故乡La Chaux-de-Fonds虽然曾经培养了勒·考柏西叶的自由思想，但是，这个小地方毕竟容纳不下这样一个富有创造性的不停地渴望革新的天才。他感觉到同故乡的乡愿们格格不入。他说：

> 我很清楚，人们并不要我再做些什么了，因为我的一丝不苟惹恼了他们。一个人必须装模作样，假冒虔诚，自以为是，高视阔步，却不能有所怀疑——至少不能把怀疑表现出来。一个人必须像一个善于卖弄的商店伙计。他妈的！（1915年10月28日的信，转引自Jean Petit：*Le Corbusier Lui-Même*，1970年版）

暗暗把自己比作费地和米开朗琪罗的勒·考柏西叶，1917年离开家乡，应聘到佛兰克福去，但拿到护照之后，却决心长期留居在巴黎了。

第二部分：战斗（1917—1928）

（八）

勒·考柏西叶到巴黎打算以Dom-Ino那样的建筑为基础，开创新的大规模建造的建筑工业。头四年，他尝试过新的砖石砌体技术，但是他的基本方向是搞钢筋混凝土。他搞了一个又一个的钢筋混凝土建筑体系，有Troyes的现浇法（1919），有Monol的石棉夹心板（1920），还有Citrohan的毛石混凝土（1920）。勒·考柏西叶给最后一幢房子起名为Citrohan，暗示着他的一个设想：造房子也要像造汽车那样，大规模地干。这期间，他还办过一座造砖厂，1921年破产倒闭了。

事业上的奋斗和失败，把考柏西叶磨炼得失去了浪的幻想，变成工于心计的人。他嘲笑了过去的热情，说："毫无疑问，要用坚强的意志，……冷静的理性控制住精神。"（见*L'Art décoratif d'aujourd'hui*）

这时的他，面容消瘦，神情严肃，双唇紧闭，目光坚定——在他心里，"纯净派"（Purism）的哲学滋生着，这种哲学认为：自然的选择产生典雅的、简单的纯形式。

纯净派的美学是由画家Amédée Ozenfant在1916年提出来的。Auguste Perret把勒·考柏西叶介绍给Ozenfant，说："这是一只奇怪的鸟儿，但他会使你高兴。"1917年，他们结识了，开始了密切的合作。Ozenfant在《回忆录》（1967）里写道："我们都同样羡慕现代工业的杰作，热乃亥（Jeanneret——勒·考柏西叶的原姓）的艺术趣味很好，尤其对古典的……"Ozenfant鼓动勒·考柏西叶尝试立体派，1918年勒·考柏西叶给Ozenfant写信说："我一画就内心纷乱。血的震颤推动我的手指头率性而行，我的理性不再能控制它……（过去）我只在技法上受过训练，而没有训练过我的心和思想。我任凭冲动主宰了我。……"

第一次世界大战之后，立体派和达达派（Dadaism）流行，Ozenfant和勒·考柏西叶自称纯净派是它们二者的继承者。他们说，达达派只是否定，而纯净派要建设，立体派趋向装饰化，而纯净派保持严格的理性。1918年，他俩在三个月内，白天绘画，晚上写作，终于在11月出版了一本叫*Après le Cubisme*（《立体派之后》）的书，举办了一次画展。《立体派之后》是一本论辩性的书，他们预言一个机械文明即将诞生：

> ……一个伟大的时代还没有被艺术家理解，相反，他们误解它，反对它，而其实，他们的艺术应该在那里扎根。……我们今天有了我们的迦特桥（Ponts du Gard——古罗马的一段输水道），我们还没有我们的帕提农，我们的时代比起伯利克里斯的时代

来，有更有利的条件来实现理想的完美。

他们对新的文明，新的创作充满了开拓者的信心和自豪。

在这本书的第二章里（显然是勒·考柏西叶写的），着重论述了机器和帕提农的数学美，宣扬精确和简朴。在第三章里，他们说，经济的规律，即自然选择的规律，必不可免地要导致标准化的纯形式，就像酒瓶，香水瓶，烟斗，柱子等等那样。

这种对简朴的纯形式的歌颂，符合勒·考柏西叶的新教徒的严肃精神。以后，在1923年发表的著名的*Vers une architecture*里，考柏西叶说：

> 一个伟大的时代开始了。
>
> 存在着一种新精神。
>
> 工业、像滚向最终目的地的洪水一样压倒了我们，它向我们提供了同这个新时代相适应的、受到新精神鼓舞的新工具。
>
> 经济规律不可避免地统治着我们的行动和思想。

把机械文明看作一种不以人的意志为转移的客观力量的表现是当时国际性思潮，在文学中，有T. S. Eliot，在电影中，有Eisenstein，勒·考柏西叶是其中的一个。这思潮是20世纪“英雄时期”的主要特点之一。

1921年，Ozenfant和勒·考柏西叶发表了论文*Le Purism*，在这篇文章里，反映着那种思潮，他们试图建立一种同教育和文化无关的形式的语言，适用于一切人，它们区分开两种关于形的感觉。

> 1.由基本的形和基本的色朴实地在人们心里引起的基本的感觉。例如，（不论给谁看一个半球体……）都能引起一个半球体的形式所固有的感觉：这就是基本的不会改变的感觉。
>
> ……
>
> 2.还有一种次生的联想，因一个人的文化和传统教养而不

同。……

基本感觉是造型语言的基础：它们是造型语言的固定词汇……

终其一生，勒·考柏西叶都在寻求一种不因循保守的，超越于历史之上的，放之四海而皆准的象征性语言。在他看来，墨守成规就是鄙陋、土气、主观、庸俗，所有这一切，都是巴黎美术学院的古典主义在20年代的特质。

（九）

1920年10月，Ozenfant和勒·考柏西叶合编了一份月刊*L'Esprit Nouveau*，刊物里每一页都宣传新的、国际的精神。大部分的文章是他们自己写的，用各种笔名。勒·考柏西叶就是把他表兄弟的名字Lecorbusier拆开而成的笔名，后来真名Jeanneret反倒没有什么人知道了。他在签名式里把这笔名写成“乌鸦”（Le Corbeau）。

这本杂志里的文章，关于音乐、文学、哲学、心理学、经济学、绘画、雕刻、政治、建筑，什么都有。思想都是激进的。关于建筑的文章，都署名勒·考柏西叶与Saugnier（Ozenfant的笔名），关于绘画的，则署Ozenfant与勒·考柏西叶。1923年，*Vers une architecture*出版时，署名也是勒·考柏西叶与Saugnier。这本书立即得到全世界的荣誉，于是，在再版的时候，勒·考柏西叶删掉了Saugnier的名字，而题了一句“献给Ozenfant”。勒·考柏西叶说：“那家伙为这句题词而感谢我，……但他不知道，这句题词使人们再也不会以为他参与了这本书的写作。”两个人从此闹翻，拆了伙，杂志也就停了。

*L'Esprit Nouveau*一到魏玛，Bauhaus的学生们立即抛弃了表现主义而转向“居住的机器”。苏联的构成主义者也把勒·考柏西叶当作同道，因为他不但倡导“构筑物的精神”，而且钻研公共住宅方案。

勒·考柏西叶成了“英雄时代”的英雄。

在*L'Esprit Nouveau*里，勒·考柏西叶用各种笔名不仅攻击了巴黎美术学院，而且攻击了“风格”（De Stijl）、构成主义、Gropius和Bauhaus，表现主义和超现实主义。

从1921年到1924年，勒·考柏西叶指责当时德国的新建筑建立在错误的“外表”（appearances）上。

> 在建筑中，这种错误是致命的。在德国，有意地大用垂直线是一种神秘主义，一种物理规律的神秘主义，德国建筑的毒药。……一个简单的事实否定这一切：在房子里，人们生活在一层层的楼板之上，水平地而不是垂直地。德国的大厦是电梯笼子。这是一种首饰盒的美学。（见*L'Esprit Nouveau*，9，1922）

这个批评直接指向他年轻时崇拜过的Peter Behrens，这时正在搞“雄伟的民族形式”（monumental nationalism）。

1923年，勒·考柏西叶也批评德国人不讲究技术的合理性，批评Gropius在Bauhaus教的是装饰艺术，而不是建筑，批评他们没有研究标准化。

> ……我们的结论是，实用美术学校都应当关门，因为我们不允许工业产品失去标准，我们不允许装饰艺术。魏玛的Bauhaus无助于工业，它只不过培养了一批装饰家，他们太多了，过剩了……（*L'Esprit Nouveau*，19，1923）

勒·考柏西叶尖锐批评表现主义，说Hans Poelzig的作品像古罗马的废墟，而Hermann Finsterlin的叫人想起水底下的恐怖景象。“这些东西只能在发烧的脑袋里产生出来，画在纸面上，它们是造不起的来。”（*L'Esprit Nouveau*，25，1925，笔名Paul Boulard）因为这些形象都不是从结构法则里产生出来的。

他批评构成主义者，说：

> 这是妄想：在几何学的基础上感觉到的真实的诗意并不那么简单地就是形的真实。俄国的构成主义过急地跳了这一步，过于不考虑纯粹的造型的事实；他们理解错了！不过，构成主义者比表现主义强不知多少倍了。（同上书）

在别处，考柏西叶批评构成主义者几乎完全否定了艺术，认为艺术对机械毫无用处，并且忘记，有一些建立在纯净形式之上的美学规律是永恒的。他说，De Stijl 虽然掌握了这些规律，却又不从实际的对象出发，也是不对的。他针对否定现实、鼓吹梦幻的超现实主义说：工业品是美的，可又是实用的和现实的（并不超现实）。“现实的、有用的东西是美的。”（见 *L'Art décoratif d'aujourd'hui*，第17页）

这样，勒·考柏西叶批了这个批那个。但他总是把话说得圆滑，正反面都说到，而且，常常为一个目的而改变观点，例如，在批评功能主义者的时候，又说了现实的、有用的东西不是美的，正好同批评超现实主义时说的话相反。

与Gropius、Wright和Mies不同，勒·考柏西叶十分注意流行的观点，很敏感，并且做出反应，或是论辩，或是汲收。所以，直到1965年逝世时止，他一生都保持着尖新的开创精神。他经常喜欢打笔仗，像年轻人一样喜欢征服对手，也一辈子遭人打，从来没有太太平平当过绅士。

在同Ozenfant合办 *L'Esprit Nouveau* 的五年里，他每个月要写出一万字左右。后来，这些论文汇编成四本重要的书：*Vers une architecture*、*Urbanisme*、*L'Art Décoratif d'Aujourd'hui*，以及同 Ozenfant 合著的 *La Peinture Moderne*。

（十）

早在1911年，勒·考柏西叶就已经得到两个思想。第一，帕提农是文明的顶峰，它既是一个经过长期演化而无比完美的机器，又是人们悲剧性环境的象征；第二，建筑基本上是几何体的艺术。这两点形成了他1923年出版的*Vers une architecture*的核心。

在这本书里，他首先鼓吹“工程师的美学”，用工程师对真实性的忠诚来反对当时时髦建筑师的虚伪。

> （这是一个）道德问题；不真实是不能容忍的，我们会在虚伪中毁灭。实用，功能主义，应该是建筑的出发点，是建筑的必要条件，它们是一种理想。
>
> 我们用轮船、飞机、汽车的名义要求有权利获得健康、逻辑、勇敢、协调、完美。

但是，勒·考柏西叶总是保持着他的正反命题都说到的圆滑性，他说：

> 结构的任务是把各种东西组合成整体，而建筑的任务是使我们感动。建筑的感情产生于作品在我们心中引起对宇宙的共鸣之时，我们服从、承认和尊重宇宙的规律。

而人们和宇宙的共同语言的基础，是几何、纯数学比、终极真理。帕提农就是按照宇宙的和谐造起来而同人的琴弦相和鸣的。

当代，造成这种美的是机器工业。

> （当代的工具）正在全世界造出大批非常美的东西，这种东西服从经济规律，它们身上数学的精确性同勇气和想象力结合在

一起，确切地说，这就是美。

但是，勒·考柏西叶并不认为人人都能欣赏美。他说：

除了少数为了领导而需要沉思默想的人之外，艺术并不是主要的精神粮食。这些人都是谁呢？艺术的本性就是高傲的。

勒·考柏西叶说：

我们时代的工业的灿烂繁荣造成了一个专门的知识分子阶级，（他们人数众多），以致形成了社会的真正活跃的一层……工程师们，各部门的首脑们，法律代表们，秘书们，出版家们，会计师们……当前的时代闪闪发光地展现在他们的眼前。

这个闪闪发光的时代是谁造成的呢？勒·考柏西叶认为，是企业家、银行家和商人。虽然他们自己说对艺术一窍不通，然而，“他们的能量导致了这个光辉的结果”，因为，照考柏西叶说，是他们推动了机器工业。

勒·考柏西叶本人就是依靠瑞士银行家Raoul La Roche支持的，他不仅第一个在巴黎委托勒·考柏西叶设计最新颖的住宅，而且买下他的立体派的和纯净派的画，这座住宅就为收藏这些画而造。

这座住宅造于1923年，不仅全由最纯净的几何形组成，而且，内部空间流转贯通，形成连续的空间系列，在当时是很先进的。

（十一）

人顺直线走路，因为他有一个目的地，知道到哪儿去；他决定了要到这个特定的地点，就径直走去。毛驴驮子逛荡着走，

漫不经心地，乱七八糟地想些闲心事，他走得曲曲折折……（*Urbanisme*）

勒·考柏西叶就是这样把他的纯净派思想引进了城市规划。在*Urbanisme*这本书里，他论证，直线的几何图形不仅因为便于高速度而是实用的，因为简单明了而是美丽的，并且，它是最好的文化的基础。“文化是头脑的方正状态”，他说。接着，在这本书里又写道：

现代化的情趣是一种几何的精神，……精确性和条理性是它的基本条件……我们宁愿要平凡的、普通的、规规矩矩的，而不要那种不寻常的个人主义和它的发烧的产品。（*Urbanisme*）

因此，天际只有一条统一的檐口的马路，可能是追求高尚的建筑的一个最重要的进步。如果我们能够把这个新事物写进市议会的议程，我们就为居民们增添了许多幸福。（同上书）

为了实现他的城市规划的理想，勒·考柏西叶把希望寄托在像当年的路易十四那样有绝对权威的“工业界巨子”身上。在他的“当代城市”（1922—1925）方案中，正当中24幢玻璃摩天大楼既不是市政厅，也不是教堂，而是公司办事处。

勒·考柏西叶终于又被一个开明的企业家看中。方糖厂老板Henri Fruges邀请他在波尔多郊区Pessac造一个小小的工人居住区。这是他的“当代城市”的小规模实验。

Pessac所有的房屋都由标准化构件建造，门、窗、楼梯间、厨房、采暖设备都是标准化的，而组合方法力求多变。不仅合乎经济和技术要求，而且也合乎审美要求。勒·考柏西叶在*Urbanisme*里引了18世纪的Abbé Laugier的话来描述Pessac：

1.在统一的总布局之下混乱，不规整，千变万化；

2.细节一致。

Pessac的房子有高有低，有横有竖，虽然构件一律，但建筑群毫不单调。房屋之间的绿地也是多种多样的。考柏西叶在*Urbanisme*里宣扬“花园城市”，绿地和建筑物交错，“既没有室内，也没有室外”。绿地是由加高建筑物而获得的。在Pessac，有花园，有林荫道，也有屋前屋后的绿地。

采取了“开放空间”的设计方法，房屋内部空间灵活，住户可以按自己的需要来安排。但是，Pessac的住户们有的把带形窗砌上了墙，有的把挑台砌成了房间，有的把开敞式的内部隔成了小间，这样，大大破坏了原来的设计面貌。这些“居住的机器”，本来都像工业品那样精确、完美，终于敌不过啤酒瓶、碎砖头之类的破烂。勒·考柏西叶嘲讽地说：“生活总是正确的，而建筑师总是错的。”

在“当代城市”设计里，勒·考柏西叶重视组织交通。他说：“一座高速度的城市就是一座成功的城市。”他把不同速度和不同类型的交通分开，把它们放在不同的层次里，可以互不干扰，大楼顶上还可以造飞机场。

完全打成方格的“当代城市”的中央是间隔疏松的24幢60层高的玻璃摩天楼，立在高高的柱子上，包围着它们的绿地可以前后左右地穿通。大楼里住着“工业巨头”，左面是文化设施，右面是工厂。另外两侧，分别住着不同等级的工人，一侧是公寓，一侧是小住宅。

这种把社会阶级固定到城市布局和建筑形制中去的思想，很受到非议，攻击他的和赞赏他的，都有人说他的方案是法西斯式的。苏联建筑界也尖锐地批判了他。他在*Urbanisme*里辩解说：

> 我的角色是技术性的……，共产党人批评“当代城市”，是因为我没有在最好的建筑物上贴上“人民大厦”“苏维埃”或者“工会会堂”之类的标签……

我小心翼翼地避免离开问题的技术性方面。我是一个建筑师；没有人会把我变成政治家……

“当代城市”没有标签，它既不为资本主义社会，也不为第三国际。这是一个技术性作品……

……解决存在的问题，这是真正的革命。

但是，在“当代城市”里，毕竟有勒·考柏西叶摆脱不了的政治。

（十二）

勒·考柏西叶的老师Anguste Perret说过，“装饰总是掩盖结构上的缺陷”。勒·考柏西叶在他的著作*L'Art décoratif d'aujourd'hui*里提倡“素人”。他说：

素人不穿绣花背心；他只希望思考。素人只有一些日常的东西，不需要闪耀发亮的装饰。……他不拜物。他不是收藏家，也不是博物馆里的保管员。他喜欢通过学习提高自己……

在这本书里，勒·考柏西叶论证，在现代，装饰艺术不可能存在，现代艺术家和建筑师必须探索可以代替它的东西，这就是“设备”，一种标准化了的工业品，有它们自己的美。这种美是单纯追求功能的结果。如果追求得成功，工业品就能像自然规律、几何体、贝壳以及宇宙真理的一切形像表现那样明彻和美丽。

这种工业品要十分有节制，不招人注意，它们要像一个沉默而忠实的仆人那样，恭顺地站在背后，不妨碍主人。勒·考柏西叶列举出来的日用工业品有：“自来水笔、铅笔、 打字机、电话、家具、玻璃板、保险剃刀、烟斗、常礼帽和小轿车。”它们都是“需要的、有用的、客观的、家具式的”，“装饰艺术就是设备，美观的设备”。这些设备，都是根据人体的尺度而标准化了的。例如：

> 打字机发明之后，打字纸就标准化了；这种标准化大大影响到家具，它建立一个模数，商品的尺寸的模数……这尺寸不能随心所。……在广泛使用的物品里，个人的喜好让位给了人们一般的要求。（*L'Art décoratif d'aujourd'hui*）

在Charlotte Perriand的协助下，勒·考柏西叶设计过许多桌、椅、柜之类来装备住宅。它们都很雅致，注意表质的对比。这类工作从1927开始，1929年的秋季沙龙的展览室家具是最高代表。这批家具从功能出发，考虑到人在各种活动时的身姿：读书、聊天、靠一靠。轻的很轻，厚的很厚，十分舒适，给人的印象是，它们都是很精确的机械产品："椅子是坐的机器"。

勒·考柏西叶忠告读者：

> 只买实惠的家具，不要那些装饰性的摆设。如果你想知道什么叫低级趣味，你就到阔佬家去看。

Charlotte Perriand长期和勒·考柏西叶合作。在第二次世界大战时，她参加了抵抗运动，而他为维希的傀儡们工作，两人一度分手，战后又和好了。

（十三）

勒·考柏西叶幻想机械化工业的发展会消灭社会的不平等，但他一生离不开"工业巨头"的支持；他不大尊崇收藏家，但支持他的"工业巨头"们都是现代美术的收藏家。

这时期内，勒·考柏西叶最重要的建筑作品，两幢别墅，都是为

“工业巨头”兼收藏家设计的。1927年的Villa Stein at Garches和1929—1931年间的Villa Savoye at Poissy，从外形上看，它们是纯净派绘画的几何因素表现在空间中了。

从1914年的Dom-Ino System起，勒·考柏西叶就酝酿了他的“新建筑的五点”：把房屋架在柱子上，腾出地面给交通用；平屋顶做成屋顶花园；用框架结构使平面和立面可以自由布置；连续的条形窗。这两幢别墅就体现了这五点，并且还有一些他后来常用的特征性手法：坡道或者桥；两层通高的空间；剪式或螺旋式的楼梯；曲线形的浴室或日光室。

勒·考柏西叶设计的别墅里，建筑构件是独立的，但又是互相渗透的。楼板上开着大洞，柱子紧挨着墙，曲线的隔断横过方形的房间，等等。人们在他设计的建筑物里踱来踱去，看到的只是半映半掩的构件，更能引人入胜。

Villa Stein的南、北立面都是光光的、平平的，而外部空间却穿过它们自由地流进里面去。

Villa Savoye也是内外空间自由流通的。美国建筑师Wright曾经批评它像“踩高跻的盒子”，但它在一片绿草地当中实在非常高雅。

这两幢别墅立刻得到世界性的荣誉，被称为新建筑的纲领性作品。勒·考柏西叶被请到莫斯科、圣保罗、阿尔及尔、斯德哥尔摩、巴塞罗纳、布鲁塞尔、布拉格去讲学。人们把他当作新建筑的论辩家。

第三部分：坚持（1928—1945）

（十四）

1920年代末，勒·考柏西叶的思想和创作发生了转变。

曾经那样坚定地为现代工业品大唱赞歌的考柏西叶，在建筑中使用原木、毛石、清水砖墙和不饰面混凝土了（Errázuriz House，Chile，1930；Weekend House，Paris Suburb，1935）；曾经那样不顾一切地要征服自然地形，按方格子建造建筑群的考柏西叶，搞起顺地形起伏错落的乡土式建筑群来了（自建的 Murondins，1940）；曾经反对任何曲线，把文化叫作“理性的直角坐标状态”的考柏西叶，给阿尔及尔的住宅区（Plan Obus for Algiers，1932）做了一个完全由各种曲线形建筑物组成的方案。

这时候（1930年），勒·考柏西叶同一个时装模特儿结了婚，并且在性生活上相当放纵。一种原始的人性在他心里震荡，他的绘画，已经不只是“纯净派”的直线几何形，画箧中有一幅幅的裸体妇女，身材肥硕，曲线极其夸张。他说：“我喜欢胖女人”。（Taya Zinkin: “No Compromise with Corbusier”, *Guardian*, 11 Sep. 1965）他对他工作室里的一个设计人说：“建筑物的柱子应当像女人曲线丰满的大腿。”巴黎大学城里瑞士学生宿舍底层的大墩子（1930—1932），就是大腿形的。而只要对照一下，就可以看出，阿尔及尔Plan Obus居住区的总平面，多么像他画的裸女。

1935年，他在美国Vassar女校演说，说：

> 物种的绵延是自然规律：爱、生儿育女，是色情和美感的光辉的结合。（*When the Cathedrals Were White*）

这种强烈的原始的人性，一发而不可遏止，使考柏西叶厌倦了大都会的生活，甚至机械文明。1935年，他诉说：

> 我被事物的自然状态吸引住了。……我逃出城市生活而停留在社会还没有形成的地方。我寻找原始的人，不是为了他们的野蛮，而是为了他们的智慧。（*La Ville Radieuse*）

正是这种对原始状态的追求，在勒·考柏西叶的建筑作品中出现了后来50年代他的New Brutalism的萌芽。

勒·考柏西叶因此有点儿怪，他感到孤独，说：

> 我既不疯狂也不粗野，我是一个容易发火的人。我无处安身……迷路而且可怜，我这一类人中只有我只身一个，不讨人喜欢，没有人支持，被人厌弃。我被体面的人们推开，默默地靠边。（*When the Cathedrals Were White*）

（十五）

勒·考柏西叶同当时许多建筑师一样，厌恶政党政治，轻视各种政治观念，不论是资本主义、共产主义、法西斯主义、无政府主义还是家社会主义。他只管他自己的结构，理想的理性。所以，他同 Gropius一样，能够在法西斯主义和共产主义之间周旋。

他给一个主管大规模建造“理想的工人住宅”的部门做设计，按法令要给五十万工人建房子。他出了一张又一张图，很卖力气，但是，他却抱怨“脑袋瓜子不正常”，说什么“我的设计同那些将要住在里面的人们格格不入”（*My Work*）。他认为他的作品是给少数才智之士用的，而大多数人到不了那个水平。

抱着这种心情，他设计了国联大厦（1927）和世界城（World City, 1929）。第一次世界大战后，世界的政府和世界的文化，是自由主义者的理想。这两个设计就是分别为它们做的。

国联大厦的方案，秘书处在前，大会堂在后，作为重点。2600座的会堂平面是楔形的，剖面是抛物线形的，考虑到了视线和音响，在当时很先进。但是，这方案根本没有能参加评选，因为没有用黑墨线画，不合竞赛规定。当时，勒·考柏西叶老家附近的一个小城的地方小报上，一个叫Alexander von Senger的人连续发表文章攻击他的设计，这些文章对他的落选也起了作用。后来，纳粹分子把这些文章汇集起来攻击现代建筑，书名就叫作*The Trojan Horse of Bolshevism*（《布尔塞维主义的特洛伊木马》）。

勒·考柏西叶设计的世界城Mundaneum号称“一切中心的中心”，是比利时工业家Paul Otlet资助的。它打算展览人类全部自然史和文化史。资助人和设计人千方百计要说服日内瓦当局实现它，没有成功。

这个方案一反常态，居然采用了纵横两条十分严格对称的轴线。个体建筑物也是对称的，纵轴线的终点是主要博物馆。博物馆是一个平面为正方形的螺旋体，外观近似阶级形金字塔。塔的顶上陈列远古史，参观者盘旋而下，最后是现代史。这个基本设想后来被Wright用在纽约的Guggenheim博物馆里。

1929—1933年间建造的巴黎救世军庇护所，也有所创新。大面积的玻璃幕墙，原来设想用双层玻璃，在两层之间通冷风或热风，以保持正常的室温（18℃）。后来实际没有用双层玻璃，以致夏季室内苦热，只好在外面加遮阳板，破坏了原来的设计。

这时期另一个重大设计是莫斯科的苏维埃宫（1931）。他的方案在结构上异常大胆，甚至超过了苏联构成主义者们。只有目前的Archigram建筑师的作品可以比拟。

这个设计也没有被选中，因为斯大林要希腊、罗马的古典建筑。理论家们说，人民可以没收资产阶级的银行，当然也可以没收他们的科林斯柱式。

勒·考柏西叶这次没有发火，他认为用文艺复手法造苏维埃宫是可以理解的，因为俄国的革命还很年轻，而只有一个成熟了的文明才能接受他考柏西叶这样富有严肃的抒情和技术上如此光辉的方案。

他在莫斯科造了轻工业部大厦（1929—1933）。

（十六）

从1930年代直到第二次世界大战，因为建筑设计任务少，勒·考柏西叶用大量精力从事城市规划工作。方案做了很多，极少是真任务，给了报酬的更少，而且几乎没有一个付诸实施。

在他的城市规划里，贯串着人人合作的共和理想。1935年，他在*La Ville Radieuse*里说古罗马共和国：

> 公众的利益是城市存在的理由，也是人们到城市里去的理由。合作就是他们的生活。

同时，在*When the Cathedrals Were White*里，他又歌颂以教堂为中心的中世纪公社的生活。在这本书里，他构思出一个以职工会为基础的市政机构来，很有点儿无政府主义的色彩。

勒·考柏西叶毕竟是相信机械文明的力量的。他说过：机械时代将要消灭贫民窟。

> 工人住宅已经占据了美丽而卫生的地段，浴室已经是日常惯用的了；地下铁道火车上的头等厢只比二等的贵几分钱；公共汽车候车站是个民主的地方，那里既有戴便帽的工人也有穿燕尾服的绅士，人们可以无所顾虑地说："先生，请给我个火。"（*L'Art décoratif d'aujourd'hui*）

因此，勒·考柏西叶把鹿特丹的Van Nelle烟草公司和美国的福特工厂当作可以同罗马共和国的城市与中世纪的公社相提并论的公众合作的榜样。他说：

> 鹿特丹的Van Nelle烟草公司已经取消了"无产阶级"这个字

眼里的“绝望”含义。……经理们，高级的和低级的职员们、工人们，不分男女，都在一个大统间里吃饭……。在一起，所有的人都在一起……！（*La Ville Radieuse*）

关于福特工厂，他说：

在福特厂里，一切都是大伙儿干的，统一的观点，统一的目标，所有的行动和思想完美地集中到一起。（*When the Cathedrals Were White*）

勒·考柏西叶把管理得井井有条的工厂同理想的共和国不伦不类地比并在一起，难怪他很容易同情法西斯主义。也正是这个原因，在他的规划方案里，职工会、共和国之类并没有充分体现出来，城市中心仍然是“工业巨头”们的王国。他孜孜以求的，还是把城市的四项功能区分开来：居住、工作、交通、休息。直到1940年代，他才注意到政治的和公共的活动。

在深入分析城市功能的时候，把城市比拟作人体：企业中心是头脑，住宅区和文化设施是神经，工厂、仓库和重工业是肚腹。勒·考柏西叶说：

一个规划把各种器官安排得有条有理，因而造成了一个或者几个有机体。生物学，这个新字眼儿引进到建筑和城市里来了！（Le Corbusier：*the Machine and the Grand Design*，1970）

因此，在城市规划里，他又一次表现了他的性心理。当他在飞机上观察里约热内卢的地形时，发现它很像妇女的躯体，于是，做了曲线形的规划设计（1929）。

（十七）

1930年代和1940年代初，全世界产生了一股反对现代建筑的逆流，Gropius、勒·考柏西叶和Леонидов首当其冲。CIAM、OSA、Ring等现代建筑组织处境困难。

勒·考柏西叶是唯一回击逆流的人。其他几个，有的销声匿迹、有的流亡、有的同占统治地位的民族主义运动合作。Gropius给罗森堡和戈培尔写了妥协的信；Mies在反犹太人宣言上签了名，并且给纳粹工作到1937年；Moholy-Nagy逃出德国。在俄国，构成主义者大多数不再工作，从此无声无息。在意大利，法西斯提倡简化了的古典主义，把任务委托给唯理主义者Pier Luigi Nervi和 Giuseppe Terragni，从而损伤了现代建筑的名声。在美国，简化了的古典主义也占了上风。所有地方，一种浮华的、复古的建筑统治着。

这期间，民族主义者写书或者在报纸上攻击勒·考柏西叶，使他失去了许多任务，包括在国联大厦的竞赛中失败。

Alexander von Senger在1931年出版了一本《布尔塞维主义的特洛伊木马》，这木马指的就是勒·考柏西叶。故乡和Neuchâtel的小报纸发表文章说他同苏联人勾结，背叛祖国。勒·考柏西叶看到这些文章，大哭了一场。

但他没有退缩。他写道：

> 1830年左右诞生于巴黎的现代建筑，在日内瓦被认作布尔塞维主义，被巴黎《人道报》叫作法西斯主义，在莫斯科则被叫作小资产阶级的（那儿山花和柱式又复活了），只有墨索里尼还承认它（看他1934年6月给青年建筑师的讲话）。(*Œuvre Complète Volume2: 1929–1934*)

接着，他说：巴黎的《费迦罗报》和其他一些小册子作者，继 Senger之后借“祖国”和“艺术的美”的名义中伤他。Camille Mauclair的小册子题名为《建筑将要灭亡吗？》勒·考柏西叶回答：

> 我们一定会宽慰他：Camille，你发昏了，放心吧，建筑是死不了的，它健康得很呐！……它只要求你别管它的事！

Senger，Mauclair和纳粹构陷勒·考柏西叶的罪状是：第一，建筑应该是民族荣誉的体现者，它要表现乡土情谊、种族、地方材料等等。现代的国际式建筑却都没有这一切。勒·考柏西叶争辩说，现代建筑有这一切，埃菲尔铁塔就体现了法兰西精神。第二，平屋顶和带形窗很难看，而且不是老百姓喜闻乐见的，只有国际主义的马克思主义者庇护它们。勒·考柏西叶说，现在莫斯科正提倡柱头、科林斯柱式和坡屋顶呢！第三，*L'Esprit Nouveau*和CIAM都是准布尔塞维主义的、犹太人的阴谋，目的在把人民引向国际主义的共产主义。勒·考柏西叶说，*L'Esprit Nouveau*发表过批评列宁的文章。CIAM有犹太人参加，但也有非犹太人。最后，Senger和其他一些自由主义批评家揪住勒·考柏西叶的两条警句，说他是反人道的。首先，“房屋是居住的机器”会摧毁家庭和乡土情谊；其次“人是几何的动物”是胡说。勒·考柏西叶回答：机器是为人所役而不是役人的，人为的结构和相应的观念本质上都是几何的。

勒·考柏西叶用小册子、书和建筑物反击着世界性的逆流。其中一本*Crusade*（1933）很别致。这是回答Senger和巴黎美术学院教授Umbdenstock的。学院派和民族主义者伙同一些建筑业者一起斥责现代建筑，说它取消了旧的建造方式，以致使许多技工失业。这阵斥责的背后有一批资本家支持。勒·考柏西叶在*Crusade*里，写了一些警句和讽刺小诗，再附上一些照片，把Umbdenstock的学院派假古董同机械之美和其他一些进步的东西对比。书后附了这位教授1932年的一篇演讲，勒·考柏西叶用旁批的方式非常机智辛辣地驳斥了他的每一个论点。

因为他同这些发财致富者做斗争，所以法国共产党想把他吸收到反法西斯的人民阵线中来。西班牙的内战，德国的国家社会主义以及同Fernand Léger和Paul Vaillant-Gouturier（瓦扬-古久里）这些共产主义者的友谊，几乎使他加入了人民阵线。但是，他的行动仅仅是给1937年逝世的Vaillant-Gouturier设计了一个纪念碑。

勒·考柏西叶说：

> 依我看，只有一个办法可以证明人民阵线在社会正义方面做了些新鲜事情：这就是立即着手在巴黎造住宅，它们要反映最现代化的技术，并且反映出你使这些技术为人民服务的愿望。（Jean Petit：*Le Corbusier Lui-Même*）

但是，勒·考柏西叶同墨索里尼保持着相当好的关系。1934年，墨索里尼亲自认可他的两篇报告，其中第二篇是答复议会的指控的。议会表决，指控现代建筑反法西斯。而墨索里尼却让他到罗马去当众讲演，论述建筑和城市规划的革命。勒·考柏西叶自己说，因为这时候墨索里尼恰巧同希特勒一起在威尼斯，他就回巴黎了。有一个传说，说勒·考柏西叶把他的La Ville Radieuse的平面献给墨索里尼，说："您已经缔造了一个新国家，这个新建筑和新的城市规划是同它匹配的。"

勒·考柏西叶一贯崇奉少数的文明的尖子，这就使他容易落入对少数法西斯的政治尖子的尊崇。

勒·考柏西叶的可耻的一页是1941年到维希工作了一年，这一年里，同他的两个准法西斯分子朋友合作写了两本书。他为贝当政府设计了战争难民自建的住宅。勒·考柏西叶的失足，大约是因为1940年年底，贝当政府宣布只允许三名没有官方执照的现代派建筑师开业，这就是Auguste Perret、Eugène Fressynet和他。他天真地认为维希政府会支持他的建筑理想。他说：" Peyrouton部长建议我去在我的同行们前

面保卫我的思想，我同意了，去到维希……”（Jean Petit：*Le Corbusier Lui-Même*）

在维希，他起初参加制订建筑法规的工作。1941年，贝当亲自签署指令，委托他创建“住宅和房屋委员会”。1942年，维希政府又派他到阿尔及尔做城市规划。除了规划之外，他在这时完成了一幢阿尔及尔的摩天楼的设计（1939—1942）。但是，阿尔及尔市长放出风来，说要把他当作布尔塞维克的间谍逮捕起来，他赶快回到法国。从此，直到大战结束，他一直养晦韬光，在家作画，为战后的恢复设想一些方案。他痛心地写道：

> 城市规划表现一个时代的生活，
> 建筑展示它的灵魂，
> 一些人有独创性的思想，但犒劳他们的却是在屁股上踢一脚。

第四部分：变化（1946—1965）

（十八）

第二次世界大战之后，欧洲迫切需要重建，主要是住宅。

尽管，1950年代和1960年代，人们反对过流俗化了的现代建筑，所谓国际式风格还是被各处的官方接受为重建城市的风格。除勒·考柏西叶之外的其他一些现代建筑师，大多在美国，满足于实现他们在大战前提出来的主张。第一次世界大战后，欧洲有过表现主义、纯净主义、达达主义和构成主义等新运动，而第二次世界大战之后却没有这类激动和解放的现象。甚至，有一些城市完全照旧的街道和建筑基础原样重建，说是为了利用原来的地下管网设施。

独有勒·考柏西叶一个人，力图抓住机会，并且又一次提出了与时势相适应的“时代的新精神”。在他的建筑和绘画里，有一种原始的、现实的精神，一种精力旺盛的、肉欲的精神。战争破灭了他对机械文明的崇拜，而在他身上激发了对形象美的喜爱之忱。总之，勒·考柏西叶把建筑当作运用新的造型手段的雕刻了。

勒·考柏西叶第一个，也是最有影响的一个重建规划，是法国东部被全部炸毁的Saint-Dié城的。市中心是市民的散步区，有市政厅、文化中心和商场。勒·考柏西叶认为，市民们在市政厅附近溜达，在露天座上喝咖啡，逛小店，闲聊，对于形成公众舆论和政治观点是必要的。这就大大区别于他在战前做的几个城市规划而更多民主色彩。这方案影响很大，但本身却没有被通过：工业家、社会主义者、共产主义者，全都反对它，而宁愿要学院式的老样子。

1946年，正当Saint-Dié的方案被否定时，勒·考柏西叶从事两个对战后建筑有很大影响的设计：联合国大厦和马赛公寓大厦。

马赛公寓是勒·考柏西叶关于住宅和社交生活的思想的最高表现。除了居住之外，大厦还有26种社会功能，从体育馆到商店，于是，它像一个村落。每家的私生活不受干扰，还可以直接观赏山色和海景。它的外形像雕刻那样大胆和有扩张性。以致现在虽然被包围在比它大的建筑物当中，它仍然很突出。整个建筑物由15种尺寸组成，都是合乎模数的尺寸，互相比例和谐。它丰满而高雅，Peter Blake把它比作女芭蕾舞演员，而它又像一个重量级拳击家，特别是它的不加修饰的素混凝土表面，成了战后New Brutalism的标志。勒·考柏西叶说：

> 素混凝土表现出模板上的每一个变化，木板的接缝，木头的纹理和节疤，等等，……在男人和女人的身上，你难道看不见皱纹和黑痣吗？看不见歪鼻子和许许多多特别之处吗？缺陷富有人性，它是人类固有的，天天见得到的。（*Œuvre complète Volume5: 1946–1952*）

勒·考柏西叶把这种“忠诚的混凝土”说得具有人的各种美质，但也看到它的粗野和丑陋。因此，他说：

> ……我决定用对比来创造美。我要寻找一种东西来补它的不足，以便造成粗野和精致、迟钝和紧张、严谨和偶发之间的对比。我要使人们思考，这就是立面上色彩强烈、扰攘和响亮的原因。（同上书）

马赛公寓一反1920年代所追求的风格，那时他力求完全的平面，而马赛公寓表面却是大凹大凸。

勒·考柏西叶陪着Picasso参观了一整天，Picasso后来要求到他的工作室去看他怎样做设计。他很以为荣，自比为建筑中的Picasso，而且说，他们二人好像是费地和米开朗琪罗。

马赛公寓是以母亲和一日三餐为中心的“家庭私生活的庙宇”。厨房是每家的中心，儿童室远离双亲室。但儿童室太窄，像火车卧铺，幸亏南方太阳好，才显得宽敞一点。店铺很方便，不乱不挤，主妇去买东西不必过于考虑衣着打扮。其他的公共活动设施更加吸引人。总之，1600名居民在这里面形成一个社会单元，建立了个人和集体之间的关系。所缺的，就是行政机构，像共和国那样的，或者像轮船上、修道院里那样的。

这时期，勒·考柏西叶同官方格格不入。政府改组了十次，换了七个重建部部长。有人曾经控告他破坏了法国的风光。医生们说，马赛公寓会造成一批疯子。他给联合国大厦做的方案被人剽窃走了，他为联合国教科文组织大厦做的方案被美国人否决了。

（十九）

朗香教堂造于绿丘之上，通体白色，老远就能见到。它的每一个部分都紧密契合，以致任何部分都既不能再加强，也不能再削弱。

普遍认为这教堂是非理性的，James Stirling、Nikolaus Pevsner和无数人，都认为它是表现主义的。有人说它像尼姑的头巾，和尚的帽子，像船首，像正在祈祷的合十的手掌——但又觉得不像。

但是，朗香教堂却是以严格的模数制的方格网为基础的，只在几个地方不同方向偏差了一点儿，就形成了这么一个模样。

尽管有种种非议，人们还是承认朗香教堂是20世纪最富有宗教虔信心的建筑物。这也许是因为勒·考柏西叶对自然规律和客观的真理抱着一种旧式宗教的严肃而深挚的态度。但是，这也是由于他有想象力。他善于想象出新的形象，并且把它处理得像是必要的，不可避免的。

勒·考柏西叶在Chandigarh的作品是他的造型想象力的又一个高峰。但是，在这儿，造形上的和功能上的缺点太明显。建在城市北郊的政府建筑群，过于稀松，公务员们走起来费劲，看起来零零落落。

每幢建筑物内部是紧凑的。柱子、坡道、电梯、灯槽等等互相渗透，形象强劲有力。但因为有模数起协调作用，又有足够的空隙在它们之间，所以，各自保持着完整性。

市中心广场实现了他的共和理想，人们可以在这里无拘束地交谈和辩论国家大事，代表们从中得到意见。建筑物雅致而不壮丽。在议会大厅里，勒·考柏西叶也贯彻了民主的理想而没有坠入传统的等级制观念里去。他不设演讲台，而为每个人设一个扩音器，所以，他们随时可以发言。

其他的公共建筑物不很成功，功能考虑不周。因为他年纪大了，已经六十多岁，而且人在巴黎，没有多少时间在Chandigarh。Chandigarh的工作委托给他的老搭档Pierre Jeanneret。

（二十）

勒·考柏西叶说：

我好像站在逻辑之路的尽头。我已经接触到了基本的原理：建筑师要经拼写新的字……

他认为，建筑师的责任是创造新的语言。他自己曾经尝试创造三种语言：18岁时新艺术运动的自然主义语言；31岁时的纯净主义语言和59岁时的新野性主义的语言。

像一切理性主义者一样，勒·考柏西叶认为这些新语言是从技术的改变中产生出来的。但是，这种干硬的技术决定论，如果没有对塑造形象的广阔的兴趣作伴侣，作用就有限得很。勒·考柏西叶研究了过去的建筑，在旅行中写生，也研究活生生的东西，包括人体在内，所以，他能够创造出以技术为基础的，然而十分丰富的新形式。他储备了许许多多单词，所以他能用新发明的或者改良过的词来建造整整一个城市。

他总是用崭新的眼光去看人们早就习惯了的东西。他爱引用法国18世纪的理性主义建筑家Abbé Laugier的话："必须从零开始。必须提出问题。……问题提得好，能预示出答案。"在设计Chandigarh时，他提了一个"窗子的问题"。他把它拆开成为四个功能问题：要引进新鲜空气，排出污浊空气，要向外看，要采光。每个功能问题分别有一个答案：用固定的玻璃幕墙采光并且满足向外看的愿望，再加上遮阳板减弱采光；用风扇排气；用薄金属板做的可转百页通风。这样，勒·考柏西叶就创造了他自己的新语言。分解每一种功能，给满足这种功能的构件以独立的形象，是他在Chandigarh常用的手法。雨罩、坡道都离开房屋，连屋顶都高高在上，像遮阳的棚子。这个思想早在他把新建筑分解成五大部分时就有了，而在Chandigarh突出地表现出来。以后模仿的人很多。

勒·考柏西叶一生创造了大量新的建筑语言，足够把建筑说上两遍的了。

他不但善于创造钢筋混凝土的语言，同样也善于创造轻快的钢铁的语言，就像他最推重的轮船、飞机、汽车的语言一样。1934年，在巴黎，1931年，在日内瓦，他建造过两批钢铁和玻璃的住宅，都是大规模生产的，但形式比较单调枯燥。1937年造的巴黎国际博览会上的“新时代馆”（Pavilion des Temps Nouveau）则是机智而富有诗意的。

1958年布鲁塞尔世界博览会上的菲利普馆（Philips Pavilion），悬索结构的，是勒·考柏西叶开辟新领域的进取精神和能力的又一次光辉表现。

他一生最后的一个作品，1963—1967年间造的苏黎世的“勒·考柏西叶纪念馆”，证明他的旺盛的创造力一直保持到七十多岁。这又是一个不平常的作品，像一艘停泊着的船，轻灵而合乎功能。

但是，第二次世界大战之后，勒·考柏西叶的New Brutalism的主要倾向是追求钢筋混凝土建筑的重量感，作品越来越古拙笨重。1957—1960年间造的修道院La Tourette简直像一个堡垒。因此，Salvador Dali尖刻地说：

> 勒·考柏西叶是个在钢筋混凝土上下功夫的可怜虫。人类很快就要跑到月亮上去了，而这个小丑还叫唤我们要随身背几口袋钢筋混凝土。……如果有上帝的话，他一定希望我像个绅士那样办事：那么，我明年就要买一些永不凋谢的花朵来悼念他死去一周年，而同时欢呼：“失重万岁”。（Alain Bosquet：*Conversations with Dali*，1969）

（二十一）

1953年，勒·考柏西叶在接受RIBA的金质奖章时致词，一一回顾了他一生中的严重失败。他说他自己像“一匹拉车的马，受着无数的鞭打。”（*RIBA Journal*，April，1953）在别处，也自称耗子，一个像狗一样过日子的人，一个杂技演员，一个小丑，被社会遗弃了的。他最爱读的书是*Don Quixote*，他一定是把自己比作这位骑士和 Sancho Panza了。

一个建筑师，由于职业的原因，总得谋取顾主的信任，而且显得像个同什么人都合得来的和事佬。建筑师们介绍他们的作品的时候，总得掩盖矛盾，而且显得像同你友好的银行老板那样随和。但是，勒·考柏西叶恰恰相反。他总是不惜用独出心裁的方案去冒犯他的顾主，使他们失去对他的信任，引起冲突。

引起冲突，是一个富有创造性的人的基本特点。而一切不能认识他的天才的人，本来就没有资格当他的顾主。

勒·考柏西叶因此有大量不被采用的设计方案。

1956年，法兰西学院（美术院）派人去劝说他当院士，他拒绝了，说：

> 谢谢你，我决不当：……我的名字会被当作旗帜来掩盖美术学院目前进行着的肤浅的摩登主义的改良。（Le Corbusier：*My work*）

由于不断追求创新，他站在CIAM的年轻一代建筑师一边，反对他自己那一代的曾经同他一起战斗过的老朋友。1956年，他写信给CIAM说：

> 只有（年轻一代）才能够感觉到现实的问题，切身地、深刻地……他们了解现实。他们的前辈们已经不能了解现实了，过时了。他们已经不再受到环境的直接冲击了。（Jurgen Joedicke：*CIAM '59 in Otterlo*，1961）

早在他21岁的时候，1880年，他给他的老师Charles L'Eplattenier的信里说：

我愿意同真理本身作战。它一定会打败我。但我不追求安宁或者世界的承认。我将生活在真诚之中，心甘情愿地去忍受痛苦。(《书信集》)

他的一生，就是这样不停地斗争的一生。

附录 3

空气·声音·光线：

在国际现代建筑师协会上的讲话 1933年8月*

勒·柯布西耶 文 梅尘译**

是雅典卫城使我成了一个叛逆者。我坚信："你要记住这整洁的、高尚的、紧张的、朴素的、强烈的帕特农，这在优美而可怕的自然环境中发出的喧哗、力量和纯洁。"

这天早晨，在彼列城的船埠，我们几个朋友一起散步：画家雷谁（F. Léger），《艺术手册》创办人塞弗斯（Zeros），音乐家热乃亥（A. Jeanneret），在你们这儿很受人钦佩的画家吉卡（Ghyka）。我们在航行着的船只前面停了下来：这些今天的船和一向如此的船，你们的历史的船。这些船漆着最鲜艳的颜色。甚至那表现生命的颜色！这不是我们在这儿见到的在暗淡而单色的形式下的希腊精神，这是全力喷发着力量的颜色：血液、天空和太阳——红、蓝、黄——最强烈地表现着的生命。真正生活着的人使用这种颜色。

彼列城的这些船漆得跟两千年前的一样，在这些船里，我们找到了雅典卫城的传统。在伯利克里斯之前，雅典人并不出色，他们是坚毅的、严格的、循规蹈矩的，也是粗暴而好色的。

希腊精神表现在高超的技艺上：数学的严格和数字的法则给了我们和谐。

* 原载《世界建筑》1987年第5期。

** 陈志华笔名之一。

我现在说的几句开场白跟题目好像没有关系。

其实它不但关系到提出的所有各种各样的想象得到的观点，它还关系到知道我为什么要讲这个题目，关系到寻找使一个建筑群中一切基本东西都和谐化的方法。

为了把雅典卫城造得和谐，必须坚持不懈地以一颗坚定的心使全世界都和谐化。这个词真实地表现了当今人们的真正的理性。

为了雅典卫城，（需要）一种有力的、征服一切的、坚强的、坚持不懈的和谐。

一种铁面无情的精神诞生了。

这就是雅典卫城给我们的告诫。

说到现在。

今天我们的题目是：空气·声音·光线，本来这是一个纯粹的技术性的题目，是为将要在莫斯科召开的大会准备的。

你们团结在国际现代建筑师协会（CIAM）会员周围，这些人为一个目的组织起来，就是要做些事情并且坚持做下去。国际现代建筑师协会的会员们在各个国家里参与正确的实践，他们的实验性作品表达了他们的思想。由于他们的努力才有了机械时代的建筑，才翻过了一页书，把一部分传统方法翻了过去。科学的胜利给了我们现代的技术，我们面对着新的前景，今后我们要看的，就是在我们前面的。

一件重大的事件发生了：当今的人终于在身心两方面都找到了一种生活方式，存在着这种信心。昨天，在希腊政府为我们举行的动人的招待会上，这个政府通过它的几位部长的口肯定了现代建筑是有前途的，前途似锦的。在这个1933年，当美国的（苏联、德国、法国）反动势力最阴险、最不顾一切的时候，在雅典肯定的，你们的政府跟明天签署了协定，这个行动使雅典永存，使希腊复活。

一些城市患了致命的病：巴黎、伦敦、纽约、柏林等等，还有里约热内卢、布宜诺斯艾里斯、阿尔及尔、巴赛罗纳、斯德哥尔摩，等等。

排山倒海的机械化巨浪将在我们城市的一摊污泥上被粉碎。

新技术的时代，破裂了的祖传的生活，时间的新尺度：人被救出了蜗行龟步的节奏。

他的肺得了病。

他的耳朵被噪声撕破。

他的身上照着更多的阳光。

在他眼前，顶着鼻子，是房屋的灰暗的石头墙。

建筑革了命，这是一致公认的事实。但城市规划还没有学理。

应该试一试的是：看看能不能建立一种学理的纲。机械世纪辉煌的发现招呼我们去尝试一下。用一个简略的响亮的标题：空气·声音·光线。我们想，我们能够把无数事件的结果综合起来，这题目把它们纳入一个我们有兴趣的唯一的价值中去，这就是：人——心理和生理。

到现在为止，建筑物都是石头和木头的。建筑学表现在包含着矛盾的产品上：开着窗洞的墙。石头墙支撑着木头的楼板，为这个功能，它必须尽可能地保持延续的整体性。然而，它所限定的地方必须采光：需要开些窗子，因而削弱了墙。结果是：一种妥协，一种折衷，一种大概差不多。

到了1900年，钢筋混凝土和钢材用到了住宅的结构上。这是对常规惯例的一场革命，这是建筑学内部的一场大吵大闹。人们直到它们比较廉价之后才乐于使用它们；但人们要保卫习惯和传统；人们继续在钢筋混凝土的框架前筑起挖着洞的石头墙：它们是假面具和化装舞会。

战后，我们愿意在合理的结构上忠实地表现建筑艺术了，我们看到墙不再支架楼板。楼板由房屋内部几棵纤细的柱子支架，而如此支架起来的楼板却支承起墙来了。我们已经创造了从建筑物一端到另一端的长窗子，它们显得建筑物似乎没有垂直支承。建筑审美大翻了一个个儿。

但以后，我们走得更远，我们已经看到，窗子可以扩大为一个玻璃立面，立面可以变为巨大的玻璃面。这样，房屋内部的布局就变了；从此以后，房屋内部就有了自由平面，最后，现代建筑可以灵活地适合被机械化引导到我们需要中来的无数的要求。

从这时起，光线从整个立面流到房中来，跟千百年来的老习惯比较，这是一场重大的革命。早晨醒来，现代人可以全身上下受到阳光照射，可以看到充满了和谐的空气在他眼前展开。他打赢了一大仗。

但是这随即引起了很大的不便，又要从头做起，探索新方案。

一旦我们得到了最大量的光线，我们就同时需要有能力去减少它的数量，直到有能力去完全挡住它。一架照相机，在北极拍摄用全镜头，在撒哈拉拍摄用光圈。可以把这方法用到我们玻璃立面上，问题解决了；这是一个简单的技术问题。

从此太阳光涌进了住宅，它是一个重要的俘获品。每个人都知道，阳光和光线不是热能，但是它们一接触东西，一个物品，它们就会转化成热。阳光穿过我们的玻璃立面，落到房屋的地板上，转化成热；到夏天，这可能叫人受不了。而且，到了冬天，薄薄的玻璃立面又不足以御寒，于是，室内就不能住人，或者，装了取暖设备而仍然很不舒适。

冬天太冷，夏天太热。

我们再看另一件事：

1928年，我应邀到莫斯科设计了轻工业部办公楼（当时叫合作总社）。由于普遍节约的原因，内部布置要处处实用，重要性不同的设施不重复，所有工作地点都要有理想照明，等等。我建议做一个长一百多米高三十米的玻璃立面；在这片大玻璃后面有2800个雇员在工作。

——“莫斯科冬天冷到零下40度，你的玻璃窗不适合我们的气候！”

四个星期之后，我穿过赤道来到布宜诺斯艾里斯；然后，又到了桑多斯、里约热内卢。从热带的春天，我来到波尔多的浓雾中，到巴黎过冬天，那儿野蛮地用暖气片取暖。

这儿，人们挨冻；在热带，豪华的轮船上是讨厌的热水蒸气，它们造成了感冒支气管炎，甚至肺炎；在布宜诺斯艾里斯，人们对我说：

“请测算一下我们从拉普拉塔（阿根廷的一座城市）带到里约的湿气；我们不能像别人那样工作；我们残废了。”在里约，大衣柜里长出蘑菇来了。

在所有这些事件里，真理对我来说是清清楚楚的，必须服从的：这关系到人们的肺；这是一个呼吸的问题；必须给居民以空气，18℃左右的空气，低于-40℃，高于35℃或45℃都不行。这关系到恰当的大气湿度。总而言之，要好的空气。必须为人们的肺制造好的空气。在各种情况下，必须抛弃恶劣空气。

问题很清楚：一个舒适的呼吸问题。

造空气吗？

还有比这更容易的事吗？只要过滤一下就够了，除尘、加温或冷却。我们有一些机器干起这些事来很容易。

我们城市里的饮用水不也是在市政官员监督之下加工过的吗？人工空气，只要用比长期来在工业中采用的空调更简单的办法就可以送到居民区去了。

一下子，加温、冷却、简易的空调都导致同一项技术：“舒适的呼吸”。设备和装置的大大简化，室内的完全自由，以及此后在玻璃墙后生活在像海洋上的空气一样清洁、一样有益于健康的空气中的可能性。你在玻璃窗后面就像在海滨一样，阳光充足，你的肺里充满了新鲜的空气、良好的空气。

我们看一看结果：

为了开动我们的机器以便使呼吸舒适，必须关闭你的窗子；进一步，不再需要窗子了！建造商将节省下房屋上的这项昂贵的设备：窗子。只要在简单的固定框架上安上玻璃就行了，不必要开启。立面将是密闭的。布宜诺斯艾里斯的建筑物的立面和莫斯科巨大的住宅群的建筑立面就像穿越回归线的轮船的立面。其余的结果：玻璃立面的封闭立刻使住宅内部安静，这就是说，隔离了外面的操声。如果为了我刚才说明的理由，我把玻璃立面加厚一倍，我将会完全把噪声隔在外面。居斯塔夫·里昂在声的传播方面的科学发现，使我们实现了在钢筋混凝土的房屋内部各部分之间的隔声。

隔声，隔去房屋内部和外部的噪声。永远避免了现代城市的噪声。这是一种什么样的噪声呀！邻居的收音机、唱机和街上烦人的吵闹声！

终于获得了安静。我的神经终于平静下来了。有希望过较好的生活了。

空气·声音·光线！肺、耳、眼满足了。城市居民的机体重新复原了，一下子就有了发展生理性生活的先决条件。

还要探寻一些别的东西：冬天，冷到零下5、10、20、40度，我们害怕一种必然现象的效果：大面积的玻璃，即使是双倍厚的，对寒冷仅仅是一种靠不住的屏障。冷的辐射可能使窗子附近很不舒服。技术障碍要用技术来回答：只要把立面的玻璃面积做成双层的，两层相距5—10厘米，其间有热空气流通，它虽不适于呼吸，但可以在取暖的小设备中制造。这就是我们所说的“中和的墙”。1928年，我就为莫斯科合作总社建议过这种墙，1932年又为苏维埃宫建议。但人们不采纳，却写道，这是中了威尔斯讲话的毒，并在资产阶级奴役下被压垮了，以致想象出与人的本性相反的解决办法。

我们国家里也有同样的障碍：制冷和制热的技术人员明确地宣称这在物质上是不可能的。

在我们这个会议里，热情是有克制的，几乎不存在。不要紧！我坚持，而且年复一年准备着在我们的工地上像实验室里的试验似的造一些建筑物。

1931年有一天，居斯塔夫·里昂给我打来电话：“今天下午您来一趟，看看圣高班的实验室里，在我们的挑唆下，几星期来做的试验的结论。”

在实验室里，我见到了完全根据所需要条件建造的试验性大厅，各种必需的物理仪器：冷冻机、通风机、气压表和记录仪等等。在工程师的笔记本里，有不间断的一系列图表，它们构成了最丰富的科学资料和做科学的、实验性的结论所必需的因素。

我长话短说，结论是：所谓“舒适的呼吸和中和的墙”的原则是个实践性问题。

您会想：“以后怎么样？这对建筑和城市规划有什么关系？”

那天早晨在彼列，我参观了巴巴斯特拉多斯烟草厂，我发现了空调的实际应用。有上千条这儿不便列举的理由使我感到满意。当我向巴巴斯特拉多斯先生表达我的满意时，他回答我说：“我不能把我能够给予工厂和工人们的舒适给他们的家，甚至不能把它给我的家。”

这就插进了新的尺度的问题，尺寸的新的统一的问题。为了解决这个问题，我们团结在建筑师和城市规划家的协会中。

如果我们愿意呼吸上帝的新鲜空气，而不是我们城市中由灰尘、废气和细菌污染的恶浊空气；如果我们愿意在家里享受太阳光无穷无尽的益处；如果我们愿意沐浴在必须的、使人心旷神怡的安宁之中而长时间地工作、消遣和沉思；一句话，如果我们愿意城市生活重新合乎人类生理的基本法则，并给我们以尊严、愉快和勇气，我们就必须懂得，我们有必要去掌握技术发明，它们意味着进步，同时，我们必须推翻建筑和城市规划的几百年的习惯，并创造尺度的新的统一，既为住宅，也为劳动和消遣的场所。

同样，我们可以冷静地、镇定地决定那些构成“本质的快乐”的东西，即那些给生活以真正滋味的东西。

现代的机械引导我们到了一种新的经济的门坎之前，到处都是危机重重。明天，组织化将给现代社会以“闲暇”。为闲暇做准备，安排场所，这就是城市规划和建筑。

以创造新的城市环境：空气、声音、光线来满足人们生理上的成千种要求。

不幸，现代社会忙于制造无数多多少少愚蠢的东西，它们只会使我们的生存拥挤不堪，荒唐地生产毫无用处的消费品。

让我们改变工业的任务；在大工场里、大工厂里制造大批的住宅，用一切惊人地专门化了的机器和设备。已经有了先例：巨大的轮船、卧车或者餐车。这样可获得经济效益和舒适。让我们来设立“公共服务”，取代家庭生活中无数的昂贵设施。让我们给工作以新的任务：制造大有用处的消费品。

这样，危机消除了！

我的题目是技术方面的；我们现在谈到经济，在有用处的消费品方面，我们说的是人类的良知。

我们的协会，正在青春激进时期，经过自觉的努力，将会以建筑和城市规划，大步趋向解决新的机械文明的平衡问题。

看看整体，懂得怎样安排细节；衡量一下精神的可能性与需求；知道在人类劳动的遗产中辨认永恒的因素，并且，从雅典到彼列，从轮船，从巨大的远洋航船直到俯瞰着庄严的景色的帕特农和一座一定要恢复镇定的、一定要在高雅和优美之中前进的城市，都是一个态度：精神。

多么大的奇事发生在世界每个国家之中！

我亲爱的协会的同志们，让我们奔向奇事，美好的奇事！建筑和城市规划。

（译自法国《今日建筑》1987年2月号）

译者小识

勒·柯布西耶在CIAM大会上做这样的报告，看起来好像塌了架子，丢了份儿。题目不大，语言简单，推理浅显明白，没有什么哲理。总之，既没有“分量”，又没有“深度”。

但是，这篇讲话有它的特点。目的很明确：为创造普通人的舒适的生活环境；手段很明确：掌握工业技术的新发明；方向很明确：把建筑设计转到科学思维上来；精神也很明确：抛弃几百年的传统习惯，建筑要革命。

就是这些今天看来平淡无奇的思想，划清了现代建筑跟传统学院派建筑的界限。学院派关心的是：按轴线排房子，套一件历史风格的外衣，搞得雄伟壮丽。

划清这个界限可不是小事一桩。一批先驱者，早于柯布西耶的和跟他同时的，饮新时代的朝露，用差不多同样的话，说着差不多同样的思想，就把两千多年来的建筑史扭转了一个大方向，开辟了一个新时代。

这些思想果真平淡无奇吗？果真没有分量和深度吗？

理论的价值在于它预见了并且回答了生活中发生的问题，大的小的，深的浅的，轻的重的，在于能够推动实践前进，直接地或者间接地。即使最高明的理论，归根到底，也还是红尘中物，超凡脱俗不得。

当然，理论应该深刻。不过，如果一种理论，不关心建筑的命运，也就是不关心建筑之如何更好、更全面地服务于社会，不论今天或明天，那么，社会也就不大会关心它了，多么高深也难免于寂寞。

附录 4

卢那察尔斯基论柯布西耶*

陈志华

勒·柯布西耶在1920年至1925年间，跟奥赞方一起主编杂志《新精神》，从1921年起，鼓吹艺术中的纯粹主义（按：如译为“纯净主义”则更妥，本文为与译文一致，亦用“纯粹主义”）。他们把杂志寄给当时苏联的人民教育委员、列宁在文艺战线的主要助手卢那察尔斯基，并且写上亲切的题词。

1923年12月2日，卢那察尔斯基在莫斯科大学做了一个报告，题目是《艺术和它的最新形式》（冯申、高叔眉译），从社会学角度分析了各种现代主义流派，也包括纯粹主义在内。这个报告对第一次世界大战前后欧洲纷纭复杂的文艺现象所做的科学分析和冷静中肯的评价，至今还不失范例的意义。

说到纯粹主义，卢那察尔斯基称赞勒·柯布西耶和奥赞方是“出色的艺术家”。他说：“纯粹主义给立体主义建立了新的理论，无比深刻的社会理论：纯粹主义像立体主义一样，声称不应当简单地反映自然……而应当创作自然。……纯粹主义确认，在创作中你不应当幻想，否则就是个人的臆造，就是那种必须加以唾弃的自由派无政府主义和个人主义的再现。”他认为，纯粹主义比立体主义强，因为立体主义是个人主义的，而纯粹主义主张艺术构思要合乎社会要求，“要让每一个人看过画

* 原载《时代建筑》1986年第2期。

之后都说这多么正确，这实在合理'，而不是说'这真叫人奇怪'。"就是这个"合乎社会要求"的思想，使勒·柯布西耶在建筑方面，比在绘画方面，产生了更大得多的影响。

卢那察尔斯基简要地说明了纯粹主义的理性主义思想："艺术家在研究景色或人的形象时，应当极精确地找出某种内部公式，从内部表明现象中的合理的、永久性的、合乎规律的东西，然后把它描绘出来。……每一幅画……是一片高度组织起来的现实，即所谓人道主义化的现实。因为人是理智的体现者，人是自然的一部分，人在寻找理性、寻找规则即规律本身，人要创造出似乎出自理性创造者之手的环境。"这就是要使"完美的内在合理性取得胜利"。

卢那察尔斯基在这一段话里说的是纯粹主义的绘画。勒·柯布西耶的建筑理论，所主张的也正是"要创造出似乎出自理性创造者之手的环境"。他在《新精神》里发表的纯粹主义建筑理论，后来收集成册，就是著名的《走向新建筑》那本小书。

理性主义，或者说合理主义，是第一次世界大战前后，包括立体主义和未来主义在内的各种艺术思潮的哲学基础之一，它反映了自然科学和生产力的巨大进展对艺术界的冲击。艺术家们争相谈论时间、空间、运动、物质结构等等，把它们当作自己的表现对象，而在表现中探索分析的方法。这在造型艺术中是不会结出像样的果实来的，但是，却使各种现代派很容易接近"生产美术"（或者叫"技术美学""机械美学"）。西欧的"生产美术"最初由德意志工业协会提倡。为1920年代初，格罗皮乌斯主持的包豪斯，汇集了各派现代艺术家，形成了生产美术的基地。勒·柯布西耶在《新精神》上鼓吹的纯粹主义，对生产美术也是影响很大的一支力量。

就在同时，卢那察尔斯基在苏联，根据列宁的意思，组织各种现代派艺术家从事生产美术。1920年代初，立体派、未来派、构成主义者等等，都参加到大工业产品的设计工作中，掀起了一场"物质生活环境的艺术化"运动。这些大工业产品，包括餐具、服装、家具、小工具、建筑等等，统统应该从手工艺的风格转变到适合现代化的机器生产的风格，要价廉物美，要用它们来改变物质生活环境，促进现代意识的产生。

卢那察尔斯基因此相当赞赏勒·柯布西耶的一些思想，说道：“他们说：在自然界中有许多偶然的、杂乱无章的东西，相反地，在工业产品中有许多永久性的东西，所以，工业制品，例如瓶子、匙子、碟子等等，都是永久性的东西。”奥赞方翻来覆去把瓶子当作绘画题材。卢那察尔斯基说，人们看了一些纯粹主义的瓶子绘画后，会说：“他是对的，这也正是我们所需要的回答。他们懂得从艺术上组织世界的思想。马克思说过：‘不仅仅要解释世界，而要改造世界。’显然，要这样改造世界，使世界为真正的人的需要服务。是的，改造世界，这就意味着使世界人道主义化。艺术家可以成为多么重要的助手呀！他善于集中真正的人的要求，使外界事物具有完美的形式，使它完全人化。他事先就能看见它，他把未来的东西描绘成真实的、现存的东西。这是世界的社会主义化和人道主义改造即人化事业中的伟大助手和伟大的艺术家！”

但是，当人们更多地看了纯粹主义的绘画之后，就会发现他们的局限性，画来画去老是几只瓶子，于是就不再那么盲目地赞美他们了。卢那察尔斯基尖锐地指出，纯粹主义“理论是很出色的，但纯粹主义者并不懂得要把什么样的具体内容注入绘画中……”虽然纯粹主义者不是资产阶级，因为“它完全否认资产阶级个人主义，并且把有自由主义反应的现象一扫而光”，但他们也不是无产阶级。他们只不过是“现今知识分子中的优秀部分”。他们追求把世界合理地组织起来，向往“巩固的社会组织”，但他们“没有一定的社会思想体系”，所以，在当时尖锐的阶级斗争中，他们动摇了，“想置身于阶级之外”。他们一方面“向保皇派献媚，说他们是伟大的组织者”，“但是他们也喜欢无产阶级，也拉拢布尔什维克”。他们“希望有一个严整的正常的社会”，但“能建成这种社会的，不知是法西斯分子，还是共产党人”，所以他们还要“看看再说”。对他们来说，左右“两极都有吸引力”。

这个论断，显示了卢那察尔斯基敏锐的洞察力。勒·柯布西耶不但当时摇摆于两极之间，将近十年之后，他在建筑界复古潮流的冲击下，万分困惑，1932年写信给卢那察尔斯基，向苏维埃宫设计竞赛的主持人莫洛托夫申诉："新建筑最能表现时代精神，西欧建筑家把希望寄托在苏联这块革命的、新建筑的创作园地上了。"情辞相当恳切。但是同时，他又把希望寄托在墨索里尼身上。有人说他把"光辉城"的设计方案献给墨索里尼，吹捧道："您已经缔造了一个新国家，这个新建筑和新的城市规划是同它匹配的。"

卢那察尔斯基毕竟才智卓越，虽然他曾经论证过勒·柯布西耶在政治上投靠法西斯的可能性，跟他在艺术和建筑上的主张都出于同一个思想根源："追求有组织的社会"，但是，他清醒地把建筑理论跟政治倾向区分开来。他在那个报告里说："一门好炮，对无产阶级来说可以是好炮，对资产阶级来说也可以是好炮。同样，一个好的纯粹主义者，可以成为我们的帮手，也可以成为他们的帮手，可以成为两个阵营的帮手。"因此，虽然纯粹主义者在两极之间的动摇很讨厌，但无产阶级仍然可以同意他们的美学思想和建筑观点。他引用勒·柯布西耶的文章为例，说："他们还赞赏远洋轮船、无线电报和现代航空。他们说工程师大大高于建筑师。建筑师逗留在古老的庙宇里，他摹仿某些样式，而这些样式并不是从现代生活中产生出来的，或者，他把某种旧风格的移植视为风格，或者，他根本没有风格。而工程师却有风格，仅仅因为他掌握了出色的技术，懂得要力求舒适、牢固，并有实效，他就创造了真正的崭新的美。……他们说：艺术的伟大原则在于，要严格地按照目的、严格符合目的地组织一定数量的材料，把各种因素联成一个结构，也就是说，联成一种极其精确地符合自己使命的东西。"卢那察尔斯基肯定地说："社会主义者也赞赏这种远洋轮船。我们的这一切还都来自大资本主义，但我们并不想毁掉资本主义创造的东西，而是要沿着同一条道路继续走下去。"

正是在卢那察尔斯基正确的指导下，苏联邀请勒·柯布西耶去设计过几幢建筑物，还邀请他参加了苏维埃宫的设计竞赛。但是，从30年代后半期起，以理性主义为哲学基础的现代建筑居然被一些苏联理论权威斥为资本主义腐朽、没落的产物，从此，勒·柯布西耶就成了突出的批判对象。

现在再重温卢那察尔斯基对勒·柯布西耶的评论，有人觉得已经没有必要了。当然，我们的建筑理论应该有新气象，这是毫无疑问的，而且要大声疾呼，引起人们的重视，来克服建筑理论的落后状态。但是，只要人们生活在社会之中，只要建筑活动在社会中进行，那么，对各种建筑思潮做社会学的分析，就是完全必要的。只是不要教条化，不要简单化罢了。这就是卢那察尔斯基的范例的意义。

附录 5

柯布西耶与住宅和现代建筑

——纪念柯布西耶诞生100周年*

陈志华

今年是柯布西耶诞生100周年。今年又是联合国宣布的“安置无家可归者年”。国际建筑师协会根据联合国的决定，把今年定为“国际住房年”。虽然是巧合，用对无家可归者的住宅问题的关怀来纪念柯布西耶，倒是最恰当不过的了。

柯布西耶以住宅设计开始了他的建筑师生涯；从大量性住宅突破，给现代建筑打了决定性的胜仗；他留下的现代建筑的最基本、最纲领性的文献《走向新建筑》，从头到尾说的都是住宅问题，如果就事论事地说，不妨叫它《走向新住宅》。当然，这本书的意义绝不局限于住宅，而是整个现代建筑革命运动的号角。柯布西耶在《走向新建筑》的第二版序言里写下了这么几句带着雷声风声的话：

> 建筑成了时代的镜子。
>
> 现代的建筑关心住宅，为普通而平常的人关心普通而平常的住宅。它任凭官殿倒塌。这是时代的一个标志。
>
> 为普通人、“所有的人”，研究住宅，这就是恢复人道的基础，人体的尺度，需要的标准、功能的标准、情感的标准。就是这些！这是最重要的，这就是一切。这是个高尚的时代，人们抛

* 原载《世界建筑》1987年第3期。

弃了豪华壮丽。

这些响当当的话从根本上说明了现代建筑学跟几千年传统建筑学的对立。这是建筑观念的一场革命，是建筑价值标准的一场革命。这就是跟传统决裂。

建筑是一个包含许多层次的大系统。上起纪念碑、宫殿、庙宇，经过住宅、学校、商店，下到鸡棚、牛舍。在每一个层次里，功能、经济、美观等各元素又有不同的意义和地位以及不同的相互关系。不同的历史时期里，不同的层次占着统治地位，反映这个层次的特点的建筑观念，包括建筑价值观念，是统治的观念。所以，建筑观念，以及相应的系统的建筑理论，是有时代性的。没有永恒不变的建筑观念和建筑理论。

几千年来，占统治地位的建筑是供奴隶制的和封建制的统治阶级生前死后享用的建筑，因此，几千年占统治地位的建筑观念和建筑思维方式，主要反映这一类“最高”层次的建筑。它们是“传统”的核心。

资本主义的发展改变了建筑的基本层次。17世纪末期，克里斯多弗·仑做的失火后的伦敦的重建规划，赫然以银行、交易所、船码头、海关大厦等代替宫殿和教堂成了城市的占统治地位的建筑。所以，如果以这个规划作为现代建筑的开端，似乎也有相当的道理。

但真正的现代建筑并没有在这时候产生，原因大致是：第一，建筑的材料、结构和施工方式还没有发生根本的变化；第二，观念的改变滞后于实践的发展，在银行、交易所、政府大厦等公共建筑物上，传统的建筑观念的力量还很强大，难以突破；第三，整个文化领域里的观念滞后现象使建筑陷于孤军作战，它受到其他文化的制约；第四，那些大型公共建筑物，以及后来18、19世纪的城市工人住宅，都还不是资本主义经济的典型产物——大工业制品，因此市场机制的作用还不够有力。

所以，尽管到19世纪已经有了水晶宫、巴黎火车站之类的建筑物，已经有了辛克尔、华格纳、格林诺夫等人的激进的理论，现代建筑的决胜的一仗还是要由住宅，由工业化生产的大批量的住宅来打。这就要等待历史把“为普通而平常的人普通而平常的住宅”推到建筑这个大系统的基本层次的时候。

欧洲的城市平民住宅问题，从工业革命开始以来愈来愈严重。贫民窟成了城市的癌。到19世纪，这个问题受到了普遍的关注。社会主义者、人道主义者、革命家、建筑师，许多人都研究这个问题。在恩格斯的《英国工人阶级状况》发表之后将近一百年，柯布西耶在《走向新建筑》里说：“一大批人需要合适的住宅，这是当前最火急的问题。”这些住宅“要给迄今为止一直窒闷在拥挤的住宅区和堵塞的街道里的工人住”，这些住宅要“人人都住得起”。

这是当时许多现代建筑先驱们的共同认识。波尔席格、卢斯、密斯、格罗皮乌斯都是从大量性的住宅起家的。他们有些人倾向于社会主义思想，希望在城市建筑中表达出对新社会秩序和政治改革的向往。卢那察尔斯基曾经称赞柯布西耶“是世界的社会主义化和人道主义改造即人化事业中的伟大助手和伟大的艺术家”！

这种情况就鲜明而集中地表现为柯布西耶给《走向新建筑》第二版写的序言中的那几句话。

因此，要说有什么“正统的现代建筑”的话，把为普通而平常的人造的普通而平常的建筑物作为建筑的主导层次，以它们作为新的建筑的观念和理论的基础，这就是“正统现代建筑”的第一条原则，建筑民主化的原则。

我们建设的是社会主义的现代化的中国。我们应该比柯布西耶和现代建筑的其他先驱者更加自觉、更加坚定、更加热情地把普通平民百姓直接使用的建筑物放在第一位，放在我们的兴趣中心上。这就是我们的建筑观念和建筑理论革新的方向。

住宅问题，在我们这里仍然是个“火急的问题”。在这个“国际住房年”的第一天，建设部部长发表了一个书面讲话，说要争取到2000年的时候，每个家庭都能分到一套经济实惠的住宅。这目标确实教人振奋，但愿我们大家一条心，为这个目标而奋斗。

为达到这个目标，我们必须克服封建传统观念。去年12月7日，香港《中报》上发表了一篇叫作《没有文化的文化事业》的文章，那里面说："国内某部门不惜花费四十万元人民币，去修复'赵氏孤儿'的古庙；河南省开封，也准备拿出巨款，按《清明上河图》这一古画所提供的样式，去建一条古街。……殊不想想，对中国的老百姓和国家的命运来说，目前并不需要这一些。倘若想建树德政，最好是穿着布衣到民间去听一听，问一问。"这段话叫香港同胞先说了去，我们能不脸红么？

还有一则故事不妨说一说。一位大学建筑系的教师，一家子三代六口人住在一间半房子里，几乎到了无地可扫的地步。一天，一批学生去调研住宅，拧开笔帽，打开本子，一本正经问老师："您觉得这房子的空间艺术处理怎么样？"这老师一时无言以对，从此一听到人说建筑是什么空间艺术就只有苦笑。

也许，可以说，我们现时的任何一种普遍性的建筑观念和理论，都必须涵盖老百姓急迫的住宅问题，都必须反映出为普通而平常的人的大量性建筑的主导地位。否则，就是言不及义。

把为普通而平常的人使用的普通而平常的住宅当作建筑的基本层次，虽然是建筑观念的革命，但是，它还不足以使现代建筑取得决定性的胜利。现代建筑要取得胜利，还必须有建筑生产技术的革命，包括新材料、新结构和新的施工方式。

大量性的住宅建设最需要革新建筑的生产技术和生产方式，新的生产技术和生产方式在大量性住宅建设中最能获得效益，所以，大量性住宅是新技术、新方式跟建筑的最佳结合点，为现代建筑的诞生担当了决战的任务。

像密斯、格罗皮乌斯等先驱者一样，柯布西耶在《走向新建筑》里说："一个工厂化生产住宅的问题提出来了"，要"成批生产住宅"。工业化大批量生产，是当时提高普通住宅的质量和建造速度的唯一办法，没有别的路可走。

用工业化的方法建造住宅，必然给住宅建筑设计带来一系列革命性的变化。建筑构件要标准化，设计要模数化，要取消传统的装饰，要更严格地从使用效能出发。同时，在资本主义制度下，工业化的住宅生产必定是商品化的，市场机制的制约起了更大的作用，因此要最大限度地考虑经济效益。这就是建筑思维方式的革命。现代建筑的基本特点就此形成了。

所以，如果要说“正统的现代建筑”的话，这工业化的生产和施工就是又一条原则，建筑工业化的原则。

新原则跟几千年的建筑传统尖锐地对立着。传统严重地妨碍着现代建筑的发展。因此，柯布西耶对传统深恶痛绝。他攻击老式住宅，说：“我们惊慌地回顾那些古老的破烂，那是我们的蜗牛壳，我们的住宅，每天跟它们接触都使我们感到压抑，它们是腐败的，没有用处的，没有效率的。……它处处糟害家庭，它使人像奴隶一样附属于错乱了时代的东西，以致使他们的道德堕落。”

为了给新建筑开辟道路，他激动地呼吁：

> 必须树立大批生产的精神面貌，建造大批生产的住宅的精神面貌，住进大批生产的住宅的精神面貌，喜爱大批生产的住宅的精神面貌。

为了树立这样的精神面貌，人们就必须把住宅看成跟已经广泛进入自己的日常生活，已经被普遍接受了的烟斗、打火机、自来水笔、办公室家具、汽车、飞机、远洋轮船等相同的“工具”或者“机器”。这些工具和机器，早已经过工业化生产的洗礼，有很高的使用效能，有很经济的生产效率，有崭新的形式。柯布西耶因此说：“一所住宅，是一个防热、防冷、防雨、防贼、防冒失鬼的掩蔽体，光线和阳光的接受器。一些房间用来烹饪、工作和过私密生活。建筑物的基础、墙壁、门窗、屋顶等等，都要像机器的零件一样合乎理性。”这就是“住宅是居住的机器”的基本含义。

因此，跟生产的工业化一起，产生了“正统的现代建筑”的第三个原则，这就是建筑设计的科学化。

民主化、工业化、科学化，这便是现代建筑的三个基本原则。

但是，我们一些维护“传统”的同志有意见了。他们以建设精神文明为名，高倡建筑艺术的精神价值，斥责把住宅看作“机器”是没有人性，是反人道等等。好像精神文明和人道主义都荟萃在四合院、马头墙或者琉璃瓦之中了。

柯布西耶是花了很多笔墨来论证新建筑的“精神作用”的。这一点且放到后面去说。现在先弄弄清楚，从住宅问题来看，究竟什么是“精神文明”？

一位建筑系教师告诉我，在某地工厂里，有一种现象：因为没有住宅，大龄工人结了婚，就在女方的集体宿舍里挂上一顶蚊帐当“鸳鸯房”，一住几年。当我把这一情况告诉一位专攻住宅的建筑系教师的时候，她把我的孤陋寡闻取笑了一顿。她讲了一个情况：在某市，甚至有没有地方安家的青年夫妇，把结婚证挂在公园的树上，就在下面挂一顶蚊帐过鸳鸯生活。更让人心酸的是，因为几代人挤一个房间，乱伦的事都时有所闻。

恩格斯在《英国工人阶级状况》一书里曾经指出，恶劣的居住条件使人们“德行败坏”。我们恐怕还远远不能说，我们的居民都已经有足够的住宅过体面而有教养的生活了。

那么，是尽快给人们一间“机器”过“私密生活”更合乎精神文明建设的要求呢，还是把有限的钱耗费在“豪华壮丽”上和“传统符号”上而减缓住宅的建设速度更合乎精神文明呢？

中唐诗人韦应物当过官，他有一句诗：“邑有流亡愧俸钱”。我们这些以建设社会主义自许的建筑工作者们，当然应该比韦应物更关心“普通而平常的人们”，关心他们的住宅问题。在这个“国际住房年”里，想一想还有多少人“没有令人满意的地方居住”，是理当感到有愧于俸钱的。建设部部长在新年头一天许下的到2000年给每户一套住宅是“经济实惠”的。这“经济实惠”四个字很经济实惠，没有浮夸，没有矫饰，对困难有清醒的估计。

柯布西耶在说“住宅是住人的机器”的时候，接下去说：“浴盆、阳光、热水、冷水、随意调节的温度、保存菜肴、卫生、比例良好的美。”大概没有人会怀疑，我们将要造的“经济实惠”的住宅绝大多数是没有这么完善的设备的，外观恐怕也很难摆脱“千篇一律”。那么，我们反对那些“机器”，起劲地说它“没有人性”，又是何苦来呢？

说穿了，无非是我们有些同志，直到现在，他们的建筑观念还停留在“前”现代时期，还在坚持封建时代形成的传统，也就是还舍不得“任凭宫殿倒塌”、“抛弃豪华壮丽”。写到这里，我想起19世纪英国建筑理论家拉斯金的话。他说：“豪华壮丽从来不是老百姓的审美要求。”他又说：“评论建筑物好坏，要听小老百姓的愿望。”可以肯定，当今小老百姓是不大会赞成把建筑定义为什么艺术的，不论是实疙瘩艺术还是空腔艺术。

不久前，报上有一篇文章描述一位模范教师的苦恼。好早已过了结婚年龄却仍单身住在父母家里。在学校里，学生们爱戴她，同事们尊敬她，她是很有威望的人物。但一回到家里，弟弟们、妹妹们却给她脸色看，讨厌她，挤对她。为什么？就因为她没有嫁人而去，占了家里一角“空间”。她伤心地问记者：“我有什么错误？”

这实在不是一个能用艺术回答的问题！虽然它关乎“精神文明”。

那么，以住宅为首的大量性建筑就谈不上美不美了吗？当然并不。不过，大工业生产的住宅的美，要求设计者和观赏者都改变传统的审美观念和审美习惯，而建立新的审美观念和习惯，这就是与大工业生产相适应的技术美学。柯布西耶把它叫作“工程师的美学”，列为《走向新建筑》的开宗明义第一章。他是从审美观念的革新着手论述住宅的革新的，而且他把审美问题贯穿在全书的十三章里。所以，说他否定建筑的审美问题，那是毫无根据的，不论是从他的创作看还是从他的理论著作看。

大工业创造了技术美。柯布西耶说："和谐存在于车间或工厂的产品之中。……这是全世界的日用产品，这世界有觉悟地、聪明地、精确地、富有想象力地、大胆创新地和严格地工作着。"同时，它们也创造了新的审美观念。他说："今天已没有人再否认从现代工业创造中表现出来的美学。"

现代建筑的基本层次，即大量性的建筑，既然已经成了大工业产品，那么，它所体现的美，主要是技术美，建筑美学就应该是技术美学。《走向新建筑》的第一句话就是："工程师的美学与建筑是互相联系、形影相随的东西"。

技术美学是20世纪初年随着大工业的发展而兴起的。这时候，人们日常生活的物质环境已经几乎全由大工业的产品构成，所以，技术美学关心的是日常生活物质环境的整体性美化，从衣服、自来水笔、刮胡子刀到飞机、轮船。柯布西耶说："正是在大量性普及产品中蕴涵着一个时代的风格。"作为这个物质环境的主角，建筑的风格当然不能不跟大工业生产发生本质的联系。因此，技术美学被现代建筑的先驱者们普遍地接受、倡导和实践。由格罗皮乌斯主持的包豪斯，在1923年之后的口号就是"艺术和技术——一个新的统一"。它把建筑跟其他工业品一起纳入现代物质环境的创造之中。

技术美主要包含着工业产品的合目的性、合规律性和形式的和谐，这三者的有机统一。

简单地说，建筑的合目的性就是它的功能的满足，就是善；建筑的合规律性就是它符合结构、材料、施工的合理性和经济性，就是真；建筑的形式和谐就是使合目的和合规律的形式同时也合乎形式美的规则，就是美。技术美是真、善、美的统一。在这个统一中体现着人们的想象力和创造精神。

在20年代，功能主义者认为建筑合乎目的就美，结构主义者认为建筑合规律就美，形式主义者则只着眼于建筑的形式塑造。柯布西耶——

批评了他们。他把功能主义和结构主义的主张称作“陈词滥调”。他说：“除了显露结构和满足需要外，建筑还有别的意义和别的目的（按：此处‘需要’指的是功能、舒适、合乎实际的安排）。建筑，这是最高的艺术，它达到了柏拉图式的崇高、数学的规律、哲学的思辨、由动情的协调产生的和谐之感。”他对建筑艺术的玄学式的夸张，或许并不妥当，不过，他认为合目的性、合规律性和形式和谐缺一不可，这是最重要的。在以后关于远洋轮船、飞机和汽车的分析中，他进一步阐明，这三者的关系是有机地统一的，不是机械地并列。他用他自己大量的建筑设计证明了这一点，其中有不少列举在《成批生产的住宅》这一章里。他又说：“人人住得起的大批生产的住宅比起古老的来要健康（并合乎道德）不知多少倍，并且，从陪伴我们一生的劳动工具的美学来看是美丽的。艺术家的意识可能给这些精密而纯净的机件带来的那种活力也会使它美。”这样，他论证了社会美跟技术美的统一。

卢那察尔斯基说，柯布西耶要表现的是：“现象中的合理的、永久性的、合乎规律的东西”，他追求的作品是“一片高度组织起来的现实，即所谓人道主义化的现实。因为人是理智的体现者，人是自然的一部分，人在寻找理性、寻找规则即规律本身，人要创造出似乎出自理性创造者之手的环境”，“从而使完美的内在合理性取得胜利”。

把对建筑的审美观念和审美习惯转到技术美学的轨道上来，这是现代建筑胜利发展的关键之一。它摆脱了学院派古典主义建筑的美学教条，摆脱了折衷主义对历史风格的模仿，摆脱了新艺术运动的肤浅的装饰，找到了跟工业化生产的现代建筑本质相适应的审美观念。现代建筑从此脱尽旧蜕，轻装前进。

因此，如果说有所谓“正统的现代建筑”，那么，技术美学的真、善、美统一的审美观念是它的又一条原则。这或许可以说是前三条基本原则的派生原则。

当然，19世纪中叶到20世纪初年，几代先驱者们都曾在这方面做出贡献，卢斯、密斯、格罗皮乌斯几位的贡献尤其特出。不过，柯布西耶确实是论证得最透彻的。

论技术美当然就得论形式美，而形式美的本质却是美学的一大难题。某种形式或形式的关系何以会是美的？或者说，形式美是怎样实现的？真是千古一谜。柯布西耶对这个问题提出了好几种解释，虽然未必都有道理，但确实有一些有价值的灵感，可惜他往往信手拈来又信手丢开，没有就某一种学说做深入的研究。他毕竟是一个建筑师而不是理论家，没有严格的逻辑思维的习惯。不过，他的火花式的灵感，仍然是一笔深入研究形式美、技术美问题的宝贵财富，很值得挖掘。

关于形式美，柯布西耶讲得最多的是大小宇宙的协调。他说："受到经济法则启示并受到数学计算引导的工程师，使我们跟宇宙规律协调起来：他获得了和谐。""当作品对你合着宇宙的拍子震响的时候，这就是建筑情感，我们顺从、感应和颂赞宇宙的规律。当达到某种协律时，作品就征服了我们。建筑，这就是'协律'，这就是'纯粹的精神创作'。"大小宇宙的"协律"，秘密在于统一的、无所不包的数学规律。他说："如今的工程师不追求一个建筑的构思，只简简单单地顺从数学计算的结果（从统治着宇宙的原则中导出）和活的有机物的观念，他们使用了基本元素（按：指立方体、球、锥体等），并且把它们按规则互相协调起来，在我们的心里引起了建筑的情感，使人类的作品与宇宙秩序共鸣。"

这种大小宇宙按照数学规律而协律共鸣，从而产生和谐的美的思想，是古希腊哲学家毕达哥拉斯首先提出来的。柯布西耶把它跟工程师的"计算"和机械化生产中的简单形体结合起来，成了现代建筑基本美学理论之一。它大体上与格式塔心理学的"同构说"相似。同构说的主要意思是：当外在世界的物理的力与内在世界的心理的力"同形同构"，事物的形式结构与人的生理—心理结构在大脑中引起相同的电脉冲时，外在客体跟内在情感就会合拍一致，从而主客协调，物我同一，产生美的愉悦。虽然这种解释离真正解决形式美的实质问题还很远，但毕竟提出了值得借鉴的意见和方法。

除了真、善、美的统一之外，技术美还有其他一些原则，如时代性原则、流行性原则（就是时髦）、竞争性原则、经济性原则、国际性原则，等等。它们或者重要性比较低，或者普遍性比较有限，或者于建筑的本质不很适合。

现在，还有些人不承认技术美学。不论承认不承认它们是美学，当今在“技术美学”名义下讨论、研究的那些问题，都是实实在在的。

当今海内外学者研究建筑美学的虽不能说很多，却也不很寂寞。比较流行的是，从禅学、老庄之道、理学、隐喻、译码等下手，还有讲理性主义、浪漫主义的。我案头现在就有一篇文章《建筑与道》和一篇《日本建筑中的禅宗美学》。这类文章虽然旁征博引，却根本不触及建筑的本质，也就是不触及房子是干什么的，用什么材料造起来的，怎么造的。读了它们，不免会产生一个问题：建筑，这玩意儿到底是什么东西？建筑随着玄学一起，抽象到了虚无缥缈的境界，入了“众妙之门”。有些人赞誉这类文章有“哲理”，这种哲理实在太难理解。不过，我听说：科学一旦成为哲学的奴婢，本体论一旦成了方法论的奴婢，它就走上了绝路。这话倒不难理解。

前面拉拉杂杂写到柯布西耶参与缔造的现代建筑的几项原则，那就是：把为普通而又平常的人们造的建筑作为主导性建筑；用工业化方法建造；设计理性化、科学化；技术美学。总之，现代建筑是有原则的，这些原则可以概括得更简洁一些，就是建筑的科学化和民主化。只要这些原则不死，现代建筑就死不了。

后现代建筑也有它的原则。我们有些同志常常说到后现代建筑的“宽容性”，作为它的“多元论”的前提。但是他们忘却了，后现代建筑就是以“现代建筑死亡了”这么一句毫不宽容的话，一句“非此即彼”的话，亮出了它的旗帜的。它的“多元化”也自有界限。文丘里在谈他主张什么的时候，从来不忘记说他反对什么，毫不模棱两可，毫不亦此亦彼。

但我们有一些同志却以不讲原则为原则。传统的、现代的、后现代的，等等等等，在他们看来都不过是一些“手法”，他们只努力于在那些建筑里寻找可以“为我所用”的手法。“手法就是一切，原则是没有的！”这是一种档次很低的实用主义。

就建筑来说，这种态度当然绝不致造成墙倒屋塌的惨祸，说它无关宏旨似乎也没有什么不可以。但是，它会使我们沦为平庸的人，那倒也是毫无疑问的。如果再多想一点儿，当然就另有一番感慨了。多少年来，我们总有机会嘲笑西洋人的褊狭，走极端，有些海外华裔因此预言，讲究中庸之道的中华文化必将成为统一世界的文化。但我们在实际生活中看到的，却是人家一次又一次地开辟新的历史，而我们老跟在后面摭拾一批又一批的手法。

柯布西耶也是走极端不转弯的死脑筋。1956年，法兰西学院（美术学院）派人去劝说他当院士。他拒绝了，说：“我决不当……我的名字会被当作旗帜来掩盖美术学院目前进行着的肤浅的摩登主义改良。”所以，他宁愿一生像“一匹拉车的马，受着无数的鞭打”。

我们，社会主义者们，应该有比柯布西耶更进步的、更坚定的原则性，创造和建设社会主义新世界的原则性。

有一次，我跟一群西方建筑师闲聊，问他们认为世界上哪个城市最美。有七位到过莫斯科的，异口同声说，莫斯科最美。这回答很使我感到意外，请他们解释。他们说，有些城市有世界闻名的最美的建筑物，但绝大多数居民的生活环境并不好。至于那些伟大的杰作，居民们也不是天天都能见到。而莫斯科，居民们日常生活的环境，他们的居住区、学校、工厂、街道、绿地普遍都完善而优美，这就比只拥有几个不朽的建筑纪念物的城市美多了。我不能不同意他们的论断。这也就是我论断现代建筑只有到了真正的社会主义社会才能充分发展成熟的根据之一。

要把为普通而平常的老百姓创造完善而优美的日常生活环境放在建筑的主导地位，当然不能没有追求、没有想象力、没有创造性，也就是不能没有进步的、坚定的原则。

在苏联，1920年前后，是列宁首先倡导了这种原则。早期苏俄的艺术家，未来主义者们和立体主义者们，以及其他种种先锋派的艺术家，积极地响应列宁，纷纷投身到老百姓日常生活环境的美化中去，掀起了“劳动人民物质生活环境艺术化运动”。他们从事家具、餐具、服装、花布、工具、印刷等日用工业品的设计，在当时对整个欧洲发生了很大的影响，促进了技术美学在全世界的发展。在这场浪潮中，苏联的建筑也走在现代建筑的前列。

经历了二十多年的曲折之后，到1950年代中期，苏联人重新认识了1920年代它的建筑和日常生活环境美化运动的意义。在建筑领域中，再一次冲垮封建传统的束缚的，又是大量性的、工业化生产的住宅。工业化的大量性建筑的革命性要求就像是传说中的“鬼打墙”，历史绕不开它。于是，苏联建筑只得补上它中途荒掉了的一课。

有讽刺意味的是，早年曾经激动过柯布西耶、密斯和格罗皮乌斯等人的进步的社会理想，在资本主义社会里不可能完全实现。现在，他们的社会责任心和历史使命感甚至受到了嘲笑。这也是资本主义社会绕不过的“鬼打墙”。是资本主义世界已经发达到了不存在普通而平常的小老百姓的住宅问题了吗？当然不是。联合国关于“安置无家可归者年”和国际建筑师协会关于“国际住房年”的决定，绝不是“为赋新词强说愁”的无病呻吟。

这就是那七位西方国家建筑师对莫斯科评价的背景。

这也是为什么在纪念柯布西耶诞生100周年的时候碰巧有了个“国际住房年”便格外有意思的原因。

图书在版编目（CIP）数据

走向新建筑 /（法）勒·柯布西耶著；陈志华译.—北京：商务印书馆，2021
（陈志华文集）
ISBN 978-7-100-19870-7

Ⅰ.①走… Ⅱ.①勒…②陈… Ⅲ.①建筑美学—文集 Ⅳ.①TU-80

中国版本图书馆 CIP 数据核字（2021）第 076012 号

陈志华文集
走向新建筑
〔法〕勒·柯布西耶 著
陈志华 译

商 务 印 书 馆 出 版
（北京王府井大街 36 号 邮政编码 100710）
商 务 印 书 馆 发 行
北京中科印刷有限公司印刷
ISBN 978-7-100-19870-7

2021 年 10 月第 1 版　　开本 720×1000 1/16
2021 年 10 月北京第 1 次印刷　　印张 17½

定价：88.00 元